小さなパン屋が社会を変える

世界にはばたくパンの缶詰

菅聖子

ウェッジ

「救缶鳥、日本の被災地へ」

宮城県南三陸町にパンの缶詰を届ける秋元義彦さん

2018年7月、西日本豪雨被災地へ向けて

救缶鳥を届けつつ、炊き出しにも参加

復興を願う多くの人の思い

大歓迎されたケニアの小学校で

フィリピンの小学校で子どもたちに
パンの缶詰の話を。みんな熱心に聞いていた

カメラを向けると、とっておきの笑顔を見せてくれる。
スワジランドで

スワジランドにパンを届ける秋元信彦さん

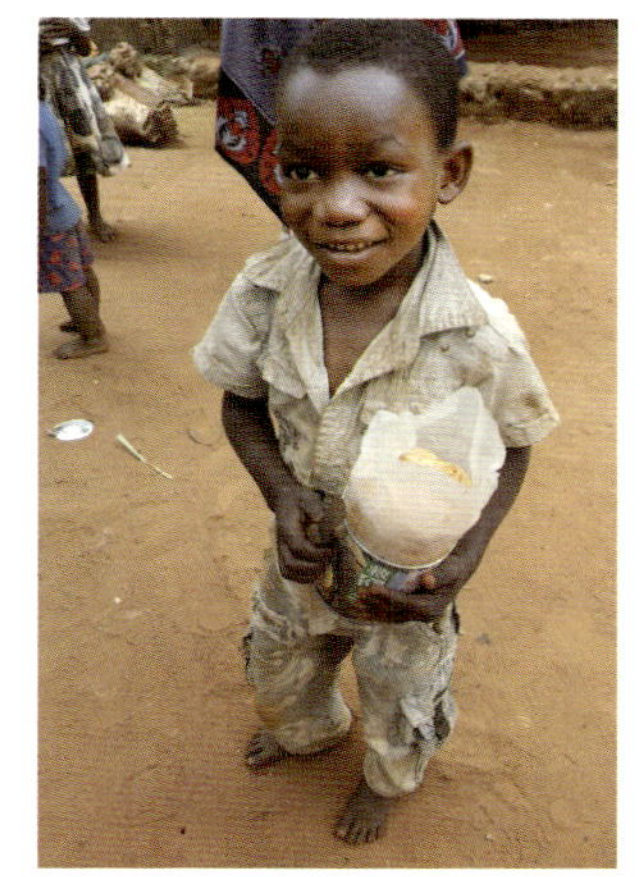
「救缶鳥」を手に笑う
タンザニアの男の子

さっそく食べるフィリピンの子どもたち

「アキモトのパン屋『きらむぎ』と『ゴチパン』」

毎日食べてもあきない、「きらむぎ」のパン

ベトナムの「ゴチパン」

朝早くから夜遅くまで大忙し

秋元さん夫妻と
「ゴチパン」オーナー・
デュイさん、ハインさん

小さなパン屋が社会を変える

世界にはばたくパンの缶詰

プロローグ
パンの缶詰、西日本豪雨災害の被災地へ

第1章
助けになりたい――パンの缶詰誕生秘話

第2章
缶詰が売れない！——大きな視点で考える

第3章 缶詰が捨てられる？——救缶鳥プロジェクト発進

第4章 被災地や海外へ――ピンチを乗り越える

第5章 人と人をつなぐ――救缶鳥をめぐる取り組み

第6章
世界とつながる――夢をかなえていく仕事

エピローグ
心を満たすパン屋になる

プロローグ

パンの缶詰、西日本豪雨災害の被災地へ

＊仲間がいるからすぐ動ける

２０１８年7月10日（火）

那須塩原のパン・アキモト（以下、アキモト）本社では、大量の箱がトラックへと積み込まれていた。避暑地として知られる那須もこの夏の暑さは格別で、焼けつくような日差しの中、スタッフはしたたる汗を拭いながら作業をしている。

気になる箱の中身は、パン。パンはパンでも保存が効く「パンの缶詰」だ。

倉庫に備蓄してあった缶、購入者から回収した缶、できあがったばかりの新しい缶など合計３２０箱（４８００食）が荷台に積みあがる。

向かう先は、数日前の豪雨によって甚大な被害を受けた岡山県だ。

社長の秋元義彦さん（以下、秋元さん）は、積み込み作業が終わると祈るようなまなざしでトラックを見送った。

「岡山には、ベースキャンプを作って被災した人に缶詰を手渡してくれるＮＰＯやＮＧＯがいる。トラックを出してくれる運送会社もいる。仲間がいるから、こうしてすぐに支援に動けるんです」

その数日前、西日本全域で激しい雨が降り続き、堤防の決壊や土砂崩れなどを伝えるニュースが流れ続けていた。

「まさか、これほど大きな災害になるとは……」

事態を深刻に受け止めたのは、秋元さんの長男で営業本部長の秋元信彦（のぶひこ）さん（以下、信彦さん）だ。

水害のニュースを知った週末のうちに、愛媛県にあるアキモトの代理店や、大阪に本部を置くハンガーゼロ（NGO日本国際飢餓対策機構）、運送会社の結城商事などと連絡を取り、情報収集を始めていた。災害はいつ起きるかわからないため、信彦さんは週末であっても常に動けるようにしている。

ハンガーゼロのベースが岡山県真庭市（まにわし）に置かれるという連絡を受け、週明けの9日には、アキモト関西営業所から岡山へ110箱（1650食）、翌10日には愛媛県の代理店からの要請に応えて200箱（3000食）を送り出した。

栃木本社から送った320箱あまりを合わせると、計1万食近く送ったことになる。

それでも信彦さんは、まだ足りないと考えていた。

「被災地の広がりを考え、西日本にいる人たちの声も聞き、もうちょっとかき集めなければと思いました」

詳しくは第3章で説明するが、アキモトには備蓄食として販売したパンの缶詰「救缶鳥」を回収するシステムがある。

注文を受けて発送した缶詰は2年後、賞味期限1年を残して回収。新しい缶詰と交換する仕組みで、引き取った缶詰は検品のあと、必要とされている場所に無償で送られる。それは世界の飢餓地域だったり、国内外の被災地だったりする。

つまり信彦さんが「かき集める」と言ったのは、新しい在庫を探すことではなく、交換時期を控えている顧客から缶詰を引き上げてくることを意味している。

週明け、さっそく社内の顧客リストを調べてみると、栃木県内にあるホンダ（本田技研工業）の工場と県立宇都宮東高等学校が7月末の入れ替え予定だとわかった。連絡を取ると、どちらも予定より早い入れ替えを快く引き受け、すぐに対応してくれた。

「ホンダが125箱（1875食）、宇都宮東高校は10箱（150食）。高校の生徒さんたちは、『みなさんで力を合わせて乗り切りましょう』『がんばれ、西日本！』などのメッセージを缶に書き入れてくれました。ひとこと書いてあると、受け取った人の気持ちも違いますよね」

追加された缶詰はひとまず関西営業所へ送り、ハンガーゼロと連絡を取り合いながら必要な場所へ届けられることになった。


こうした迅速な活動は、東日本大震災や熊本地震などさまざまな被災地で支援をしてきた経験が生かされている。

たとえば、パンの缶詰は直接避難所には送らない。

支援物資が全国から大量に届く避難所では、ハンドリングが難しい。過去には避難所の人数に対して缶詰の数が足りず、公平に行き渡らないという理由で配られなかったこともあった。そのため、本当に必要としている人に手渡したいと考えている。

また、必要な場所に必要な数だけ送ることも徹底している。善意で送っている物資も、量を間違えると迷惑なものになってしまうからだ。

ハンガーゼロでは、避難所に入れない人を中心に細やかに支援を行っている。彼らと密に連絡を取り合って必要な数を把握し、運送会社ともつながりながら発送の準備をするのがアキモトの役目だ。

秋元さんが「仲間との連携がなければできない」と言った理由がここにある。

＊救缶鳥通信が活動を後押し

7月11日（水）

アキモトでは『救缶鳥通信』の号外を発行した。この通信は毎月救缶鳥の顧客に向けて、回収した缶詰がどこへ行き、どのように役立ったかを知らせるメールだ。

この日の号外は、次のように綴られていた。

〈救缶鳥通信　号外　２０１８年７月11日〉

西日本各地で豪雨被災された皆様には心からお見舞い申し上げます。

さて、パン・アキモトでは、この豪雨の被災地の方々に左記のようにパンの缶詰を救援物資として送らせていただきました。

７月９日　１６５０食　関西営業所～岡山県倉敷市

７月10日　４８００食　栃木本社～関西営業所～各被災地

7月10日　３０００食　関西営業所～愛媛県
7月随時　４３５０食　行先検討中

ハンガーゼロと連携し、配布先等を決めさせていただきました。
アキモトのやわらかいパンが皆様のホッとできる一瞬に、お役に立てることを念じて。本社から関西営業所へのトラック輸送に関しては、弊社代理店結城商事様のご支援をいただきました。

パン・アキモト営業部　救缶鳥課

7月12日（木）
救缶鳥通信を読んだ岡山の被災者から、午前10時半に物資要請のSOSメールが届く。救缶鳥の個人ユーザーであるKさんは、水害のひどい地域でボランティアの責任者として活躍していた。

パン・アキモト営業部　救缶鳥課　担当者様
岡山市東区××に住んでいるKと申します。

私の住んでいる地区は近くを流れる一級河川の砂川が決壊し、たくさんの住民が床上浸水で今も復旧で大変な状態です。

可能な限りパンの缶詰を支援していただければ大変助かります。近隣の町内会で床上浸水した家屋はおおよそ６００戸です。私は地域ボランティアの責任者をしており、町内会長と連携して活動しています。

ご検討いただき、支援していただけるようでしたらご連絡をいただければ幸いです。

メールを受け取ったのはアキモト救缶鳥課の藤田和恵（ふじたかずえ）さんだ。お昼すぎ、藤田さんがハンガーゼロの責任者にメールを転送すると「遠くない場所にスタッフがいるので動いてみる」と、すぐに返事をもらえた。

藤田さんは、さっそくそのことをメールに書いて岡山のKさんに返信した。

Ｋ様

大変お世話になっております。パン・アキモト藤田です。

救缶鳥ですが、ハンガーゼロより、貴被災地へ向かっていると連絡が入りました。

どれぐらいの数量を運搬しているのか現状況では把握できておりませんが、お受け取りの程よろしくお願いいいたします。

　体力気力ともにご自愛くださいませ。


藤田さんがこのメールを送ったのが、午後3時。

すると、午後6時前には再び岡山からメールが返ってきた。

パン・アキモト　救缶鳥課　藤田様
超早急な対応に、心より深く深く感謝申し上げます。

午後4時前にハンガーゼロの方に届けていただき、計41箱を確かに受け取りました。

　現在、困っている方を中心に順次配布させていただいております。床上浸水がひどかった地域を中心に、約550戸に配る予定です。

　これを機会に、パン・アキモト様の貢献がこの地域でも認知され、いつの日か何らかの形でご恩返しができるものと確信しております。

　本当に本当にありがとうございました。

問い合わせから現地に届くまで、約5時間。たまたまハンガーゼロの拠点に近い場所だったとはいえ、このスピードには目を見張る。

受け取った人の驚きや喜びが文面からあふれ出るメールは、読んでいるこちらまでうれしくなるほどだ。単に物資を送るだけではなく現地で動く人がいて、さらに通信が現地からの声を拾いあげ、活動を後押ししている。

藤田さんは言う。

「うちのお客様は、何かあったときには自分が持っている缶詰を周囲に配ってくださるし、こちらにSOSを出すこともできる。今回はそのことを強く感じました。被災して受け取る側にいた人が、新たな顧客になってくださるケースもあるんですよ。お客様の意識が高くなっていることを感じます」

災害が起きるたびに、アキモトの缶詰は各地で役立てられてきた。

アキモトの社員が周囲と連携してスピーディーに動くことはもちろんだが、顧客にも高い防災意識が芽生えていくのが、この商品の特徴かもしれない。

もともとアキモトは、栃木の田舎町にあるごく普通のパン屋だった。そのパン屋が自ら開発したパンの缶詰は今、日本の被災地のみならず、世界を救うパンの缶詰へと育っている。

「アキモトは失敗だらけ。もうダメだと思ったことも一度や二度じゃないですよ」と秋元さんは言う。それでも秋元さんの語り口はいつもほがらかで、少々のピンチにはつぶされない強さを感じる。

パンの缶詰の発明や世界に広める仕組みを解き明かしつつ、小さなパン屋の挑戦の物語を綴ろうと思う。

第1章

助けになりたい

——パンの缶詰誕生秘話

＊お母さんの心をつかんだパンの缶詰

「パンの缶詰って、知っていますか？」

ある編集者に聞かれたのは、2年前のことだ。

防災意識の高まりから、最近は3月や9月になるとスーパーやホームセンターの棚に備蓄食コーナーができ、そこにパンの缶詰が並んでいるのはなんとなく知っている。でも、買って食べようと思うほどの興味は持っていなかった。賞味期限が長いだけで、味は二の次という商品は山ほどある。そのためわが家の非常持ち出し袋に入っているのは、慣れ親しんでいるクラッカーの長期保存缶と、アルファ米の混ぜごはんくらいだ。

「それ、おいしいのかな？」

正直なところ、缶詰のパンにはパサパサしたイメージしかわかなかった。パンは焼きたてが一番おいしいに決まっている。

疑り深い目を向けると、編集者はそんな私の反応まで見越した表情で言った。

「期待できないって思うでしょう？　まあ食べてみてくださいよ」

と言って缶詰を一つ、私の手のひらに乗せてくれた。


その編集者は、小さな男の子を育てているお母さんだ。

子育てに奮闘していたある日、「今ここで、東日本大震災級の地震が起きたらどうしよう」と考えたのだという。

子どもを抱えて避難所に行かなければならないかもしれない。買物も料理もできない環境に置かれるかもしれない。そのとき、いったい何を食べさせたらよいのだろう。大人が非常時に食べるような乾パンなどは、とうてい無理だ。やわらかくて子どもが喜んで食べられて、安心できる材料を使った非常食はないだろうか……。

探しているうちに出合ったのが、アキモトのパンの缶詰だった。

彼女に手渡されたパンの缶詰は、とても軽い。

考えてみればパンが軽いのは当たり前だが、サイズとしてはよくあるトマト缶と同じもの。見た目でイメージする重さと違い、ちょっと拍子抜けする。

自宅に帰ってさっそく缶を開けてみた。薄紙に包まれて、中身はすき間なくおさまっている。引っぱり出して薄紙をはがすと、しっとりした手ざわりのパンが現れた。

「あ、いい香り」

私は思わずつぶやいていた。

パンの香りには、どんなときも人を幸せにする力があると思う。

焼き立てが一番おいしいという思いに変わりはないけれど、もし自分が非常事態に置かれたときこの甘い香りを感じることができたなら、それだけでホッとして日常を思い出せる気がした。

手でちぎって口に入れる。ほんのり甘くてやわらかい。

缶詰のパンはパサパサしているに違いないという私の偏見はひと口で簡単に覆され、もうひと口、もうひと口と、パンに伸びる手が止まらなくなって、気づいたら1缶ぺろりとたいらげていた。

その後、彼女と私は開発者である秋元さんの元に通い、うかがった話を『世界を救うパンの缶詰』(ほるぷ出版) という児童書にまとめた。

アキモトは那須の小さなパン屋でありながら、長期保存できるパンの缶詰を発明し、世界の飢餓地域へ届く仕組みまで作りあげた。小さいながらも、今、注目されている企業だ。

那須を訪問すると、いつも秋元さんはパン職人の白いユニフォームで迎えてくださる。見た目は普通の、パン屋のご主人だ。

最初は大柄で坊主頭の風貌にたじろぎそうになったが、人を安心させる穏やかな笑顔と、ソフトな語り口。ひとたび話を始めると饒舌（じょうぜつ）で、山あり谷ありの店のストーリーに惹き込まれ、毎回あっという間に時間が過ぎていった。

それに秋元さんの仕事には、まるでブルドーザーが高速で走っているようなパワーとスピード感がある。いつもいくつかのアイデアを持っていて、新しい何かが始まっている。その多くは、社会のために役立ちたいという彼の思いと、人とのつながりに支えられている。

知れば知るほど、私は秋元さんの話を子どもの本の世界だけにとどめておくのはもったいないと思うようになった。そして立ちあがったのが、本書の企画だ。

今回は社長の秋元さんだけではなく、アキモトに関わる企業や人に会いに行き、さまざまな角度からアキモトの仕事を見ていくことにした。

まずは、アキモトの主力商品であり本書の主役でもある「パンの缶詰」が、どのように開発されてきたのか。その物語をひもといてみよう。

＊被災地神戸に送ったパンの行方

パンの缶詰が生まれたきっかけは、１９９５年1月17日に起きた阪神・淡路大震災だ。

秋元さんはあの日のことを今も鮮明に覚えている。

朝7時のニュースを見ようと仕事場のテレビをつけた瞬間、神戸の惨状が目に飛び込んできた。ビルのガラスは砕け散り、神社や住宅の1階部分がつぶれ、高速道路は折れてしまっている。空からの映像を見ると、火の手がいくつも上がっていた。これは夢なのではないかと思った。

当時の社長だった父の健二（けんじ）さんや妻の志津子（しづこ）さんと一緒に、青ざめながらその状況に見入っていた。なぜなら一家は熱心なクリスチャンで、所属している教会の本部が神戸にあったからだ。

神戸にいる教会の知り合いに電話をしてみたが、何度かけてもつながらない。そんな状況の中、家族みんなで話し合った。

「今、自分たちにできることは何だろう？」

お見舞金を送ったり、ボランティアに駆けつけたりすることも考えた。

だが、自分たちはパン職人であり、パン屋だ。現地には着の身着のまま逃げ出して、食べるものにも困っている人がいるはず。その人たちに、すぐに食べられるおいしいパンを作って送ろう。

さっそく、手分けして動き始めた。

教会のネットワークを使って関西に連絡を取ると、京都の牧師が神戸の牧師と連携して現地に物資を運んでいるとわかった。パンは、そのルートに乗せて運ぶことが決まった。まずは役所に行き、災害用緊急車輌の許可証を発行してもらう。

自社の１.５トントラックに、焼きたての食パン、バターロール、牛乳パンなど２０００食を載せ、すき間に毛布も積み込んだ。

震災が起きたのは火曜日だったが、金曜日にはアキモトがある栃木県の那須塩原からトラックが出発する。

那須から宇都宮までは秋元さんが運搬したが、その後は各地の牧師たちのリレーによって西へと運ばれることになった。秋元さんは言う。

「無事に到着したと連絡があったのは、出発から１日半後。パンは神戸の教会に運び込まれて、集まった人たちに配られたそうです。被災地のために何かできることはないか考え、みんなで協力して届けられたことは本当によかったと思っています」

ところがしばらくして、現地から連絡が入る。

「秋元さん、おいしいパンをありがとう。でも申し訳ないことをしてしまった」

電話の主は、言いにくそうに語った。

那須からトラックが到着したとき、その場に集まっていた人にはパンが配られたが、すべてを配ることはできなかったという。現場のスタッフは「あとから来る人のために取っておこう」と保管していた。

しかし、実際はそれどころではなかったようだ。当時は、まだ行方不明者の捜索が続いていたし、ライフラインも止まっていた。支援拠点となった教会でもやらねばならないことが多すぎて、パンの存在が忘れられたのかもしれない。

保存料など一切使っていないパンは、3、4日で劣化してくる。硬くなり、カビも生えてきたパンを置いておくわけにはいかず、半分以上が処分されてしまった。

＊保存が効くやわらかいパンはどこに？

秋元さんは相手のことを責める気にはならなかった。非常時だから何があっても仕方がない。

ただ、自分たちが作ったパンが大量に捨てられてしまったことは、パン職人としてとても残念だった。

「被災者の方たちに食べてもらうために作ったパンです。さまざまな人と協力し、苦労して届けてもらったからこそ、悔しい思いが残りました」

それからしばらくたったある日、神戸の教会関係者から電話があった。パンを運んだトラックは、生活が落ち着くまで神戸で活用してもらうことにしたので、ときどき連絡を受けていた。いろいろな話をするうちに、話題は自然とパンのことになる。

「あなたが送ってくれたようなやわらかいパンで、保存できるものがどこかにないかな？　乾パンはかたすぎて、歯の悪いお年寄りや小さな子どもは食べられないんだよ」

今でこそ、非常食はごはんやおかゆ、フリーズドライ食品、保存の効くお菓子などバリエーション豊富になったが、阪神・淡路大震災のころは乾パンが中心だった。

乾パンの歴史は古い。19世紀半ばに伊豆韮山（いずにらやま）の代官である江川太郎左衛門坦庵公（えがわたろうざえもんたんなんこう）が、軍用食としてかたいパンを焼いたのが始まりと言われている。

その後、明治時代にはドイツ式のビスケットが軍用食として採用され、昭和初期には現在のコロコロした形ができあがった。兵糧として作られたものだが、旅や登山の携行食として、災害時の非常食として、おやつとしても使われてきたから、日本人にとってはなじみ深い。

思うに、非常食として乾パンは当たり前すぎて、新しいものが生まれる土壌が育ちにくかったのかもしれない。

「保存が効くやわらかいパンなんて、私も聞いたことがありませんねえ」

秋元さんが質問に答えると、電話の主は言った。

「なければ、君が作ってくれないかな」

まるで新しいサンドイッチを作ってよというくらい気軽な口調だったから、秋元さんはあわてた。

「えっ、それは無理です」

「そこをなんとか、頑張ってよ」

「いやいや、簡単にはできません」

かたいビスケットのような乾パンとは違って、水分をたっぷり含んだふわふわのパンは保存食には向かない。それに、今までこの世になかったものが、簡単に生み出せるとも思えなかった。

相手はなかなかあきらめなかったし、秋元さんはトラックを人質にとられているという思いもある。無下には断れなかった。

話を続けるうちに、相手の言葉は熱を帯びていく。

「日本人の食生活はずいぶん贅沢（ぜいたく）になったのに、なぜ、非常食だけが変わらないのだと思いますか？　震災は、たった1分前まで豊かに暮らしていた現代人が、食べるものにも困る状況に陥るんです。そのとき乾パンしかないのは、本当にストレス。だから、保存が効くやわらかいパンをどうにか作ってくださいよ」

生きるか死ぬかの状況をくぐり抜けてきた被災者の言葉は重い。

避難中の食事は、その後を元気に生きのびていくためにも大事なものだ。熱心な問いかけを聞き、秋元さんの思いも変化していく。

「おいしいパンで元気になってもらうことが、われわれの願い。保存のできるパン作りは、アキモトのミッションかもしれない」

小さなパン屋の、大きなチャレンジが始まった。

＊パン工場の片隅で開発研究

秋元さん一家が経営するパン屋は、栃木県那須塩原市にある。

自社店舗や移動販売用のパンも作っているのでそれなりの規模の工場はあるが、ごく普通の町のパン屋だ。大手の製パン会社とは違い、研究室があるわけでもないし、開発員がいるわけでもない。

開発に携わるメンバーは、秋元さんと当時のパン工場長の二人だけ。そして、実験室となったのはパン工場の片隅だった。二人は１日の作業を終えたあとや、時間が空いたときに「やってみようか」と試作を繰り返した。

「目指すのは、保存ができるパンということだけ。特に目標にする形も締め切りもありません。『こんなものができるかな？』『あんなものができるかな？』と工場長と話し合うところから始めました」

スタートは本当に、闇の中を手さぐりで行く状態だったらしい。

最初に二人が考えたのは、パンの真空パックだった。

一般的に食品は、空気中の酸素に触れると酸化が始まり、時間が経つにつれて味が落ちていく。食品を栄養にして菌が増殖するため、カビも生える。

真空パックで酸素に触れないようにすれば、保存できるのではないだろうか。真空パックの食品はたくさんあるので、パンもできるのではないかと考えた。

焼きあがったパンをビニール袋に入れ、専用の機械で空気を抜いてみる。すると、ふわふわのパンがみるみるしぼんでいった。しばらく置いてから袋を開いたが、しぼんだパンは元には戻らない。

「あーあ、これはダメだと思いました。いいアイデアだと思ったんですけどね(笑)。パンはゴムではないので、一度つぶれてしまうとダメなんです」

たとえば羽根布団だったら、ペチャンコになってもふわふわに戻る。でも、ペチャンコになったパンは何度試しても戻らなかった。完全に失敗だ。

今となっては笑い話だが、子どもの実験のようなレベルから開発が始まったことを思うと、私は胸が熱くなる。どんな大きなプロジェクトも、どんな立派な製品も、始まりというのは案外こんなものかもしれない。

ところで秋元さんの研究は、失敗するたびに止まった。開発員（秋元さんのことだ）はパン職人と社長職を兼ねているので、日々の作業だけで忙しい。新たな研究を進めるにはエネルギーが必要だ。

しばらくあきらめて中断していると、それを見透かすかのように神戸から電話がかかってくる。

「どう、パンの研究は進んでいますか?」

そのたびに秋元さんはハッとして、重い腰を上げた。

失敗して折れそうな気持ちと、これはミッションだという強い気持ちがせめぎ合う。

神戸からの電話がなければ、このプロジェクトは立ち消えになっていたかもしれない。

✳農家の人たちを見てひらめいた

真空パックのパンに失敗したあと、秋元さんは次の手を打てずに困っていた。

そんなある日、近所の公民館に併設された農産物加工場で、地元の農家の人たちが集まっているところに出くわした。

季節は春。おじさんやおばさんが掘ったばかりのタケノコを持ち寄り、にぎやかに自家製の水煮缶を作っていたのだ。

楽しげな様子をのぞかせてもらったとき、秋元さんはひらめいた。

「缶詰は昔ながらの保存食。応用すればパンも缶詰にできるかも！」

缶詰入りのパンなんてパン屋としては非常識だと思ったが、やってみなければわからない。迷っているならとにかくやるべきだ。

思い立ったらすぐに行動する彼は、缶詰の機械を借りて新たな研究に着手した。

まず、焼きたてのパンを缶に入れてふたをした。1週間ほどでふたを開けると、パンはカビだらけだった。

「あぁ〜」

パンを取り出すとため息が出た。

パン工場にはさまざまな菌が浮遊している。酒蔵と同じで菌が一緒に働くことによって発酵が進み、パンができあがる。しかし、缶の中に空中浮遊菌が入ってしまうと、そこは菌にとってもおいしい環境になり、発芽して増殖が進むのだ。

つまり、缶に菌を入れないことが重要で、そのためには缶を殺菌しなければならないことに気がついた。

殺菌には、熱殺菌、アルコール殺菌、紫外線殺菌などさまざまなやり方がある。たとえば農家が作っていたタケノコの水煮缶の場合、缶に詰めてふたを閉じたあと、缶ごと加熱して殺菌していた。

そこで秋元さんも、パンの入った缶ごと加熱殺菌する方法を考えてみた。しかしこの方法は、実験する前から少々不安があった。

「パンは冷めてもおいしいし、それをもう一度トーストしてもおいしいんです。でも、二度加熱したものは、その後どんどん味が落ちる。トーストしたパンはすぐに食べれば最高においしいけれど、冷めたらもう食べたくないでしょう？　これはパン屋なら誰でも知っていることです」

試してみると、やっぱりパサパサで、まずいパンができあがってしまった。

次に思いついたのは、２００度のオーブンでパンも缶も焼いて殺菌し、焼きあがったパンをすぐに詰めること。しかし、アツアツの缶の中にアツアツのパンを入れるのは無理難題だった。


失敗を重ねるうちに、またアイデアが浮かんだ。

「そうだ、缶の中にパン生地を入れてそのまま焼けば、缶ごと殺菌できるはず。なぜ今まで気づかなかったのだろう！」

それまでは、焼いたパンを缶に入れることばかり考えていた。でも、直接パン生地を缶に入れて高温で焼きあげれば、パンも缶も一緒に殺菌できる。すべての問題が解決できそうな気がした。

名案が浮かぶと心がはずみ、すぐに試してみたくなる。

さっそく、缶にパン生地をぽとんと落として発酵させ、ふくらんだところでオーブンに入れた。数十分後にオーブンを開くと、きれいに焼きあがっていた。

「いよいよ完成したかな？」

ワクワクしながら取り出そうとすると、今度はパンが缶にくっついて取り出せない。
またもや失敗である。

＊パンの結露を防ぐには？

実験をするたびに、いい方向に進んでいる実感はある。きっとこの方向は間違ってはいない。失敗しても、秋元さんはあきらめなかった。

缶にパンがくっつくなら、生地と缶の間にベーキングシートを敷けば問題が解決するのではないか。

「やったぜ、次はうまくいくぞ！」

試してみたが、ベーキングシートはオーブンの天板に敷くものなので、円柱形の缶では滑って抜けてしまい、うまくいかなかった。「紙に問題があるなら、パンの缶詰に合う紙を探せばいい」と気持ちを切り替えた。

さまざまな紙でパンを焼き、実験してみる。缶にはくっつかず、焼きあがったパンにくっつく紙がいい。探しているうちによいものが見つかった。

「よし、これでいけるぞ！」

解決したように思えたが、また次の問題が起こる。

パンは、焼きあがった状態で冷ましていると、その間に空中浮遊菌が入ってしまう。そこで粗熱だけ取ったら、温かいうちにすぐ缶のふたを閉じることにしていた。熱が残っているうちに閉じると、缶の中身は蒸れる。パンがしっとりするという利点はあるものの、冷めると水分が下にたまりふやけてしまった。どんな紙で試しても、なかなかうまくいかない。

「一つ進むと、また壁にぶつかる。あきらめていると、神戸からまた電話が入る。その繰り返しでしたね」

ゴールは目の前に見えているのに、なかなかたどり着けない。

缶詰の中で生まれた水滴は密閉空間で逃げ場がないので、下のほうにたまる。この問題をどうにか解決したいと悩んでいたとき、建築家の友人から思いがけないヒントをもらった。

「日本家屋の中で、和室だけは湿度の調整が自動的にできるんだ。それは障子紙が空気中の湿度を調整しているからだよ」

障子紙は和紙だ。それならパンの缶詰に和紙を使ってみてはどうだろう。

さっそく秋元さんは和紙を探し始めた。ところが少し調べると、和紙は水に弱いことがわかった。水蒸気を含むことは得意でも、直接濡れると破れやすいのだ。

全国にあるいくつもの和紙メーカーに問い合わせてみた。

「水と熱に強い和紙はありませんか?」

「そういうものはないですねえ」

メーカーからつれない返事が返ってくる。秋元さんは食い下がった。

「ないのなら、新しい紙を作ってくれませんか?」

どこかで聞いたことがあるような言葉だ。

いつの間にか秋元さんは、自分が「保存できるパンを作ってほしい」と頼まれたときとは立場が逆になっていた。だが、メーカーはコスト最優先。実績のない新しい商品の話には乗ってくれない。

「作ったとして、どれくらいの市場があるの?」

「今は実験段階なので、まだ見込みはありません」

「商売になるかわからないのに、作ることはできませんねえ」

どこに聞いても門前払いだった。

それでも秋元さんはあきらめきれず、パンの缶詰に適した紙を探し回る。国内でだめなら海外でも探そうと、商社に勤務する知り合いに頼んで紙を集めてもらった。そうして見つけたのが、現在の缶詰に使われている紙だ。

秋元さんに頼んでその紙を見せてもらうと、トレーシングペーパーのように薄くてやわらかだった。なんということもないぺらぺらの薄紙で、これが重要なのだと言われてもピンとこない。ただ、霧吹きで水を吹きかけしばらく見ていると、紙がシワシワになって水を吸い込んでいくのがわかった。

「企業秘密なので詳しいことは話せませんが、外国製の食用の紙です。薄いのに水分を含んでも破れることがない。この紙と出合えたから、パンの缶詰ができあがったんです。私は『神』と『紙』との出合いだよ、なんて言っています」

秋元さんは、うれしそうに語る。

＊完璧な無酸素状態を作る

いよいよ完成が近づいてきた。

最後のひと工夫は、缶の内部を完全な無酸素状態にするため、脱酸素剤を入れたことだった。

一般的に食品が傷む理由は、「でんぷんの劣化」「菌による腐敗」「油の酸化」「紫外線」だ。これらを防ぐことができれば、保存期間は伸びる。紫外線以外の項目は酸素が原因になるので、無酸素状態にすることは大きな課題だった。

実験を重ねてわかったのは、約500ccの缶の中でパンを焼いてふたをすると、すき間やパンの細胞内に空気が50ccほど残ること。酸素は空気中の成分の21%なので、実際には10ccの酸素が入っている。劣化を防ぐためには、わずかであっても取り除かなくてはならない。そこで、脱酸素剤の出番だった。

脱酸素剤はお菓子の袋などに入っている、おなじみの小さなパックだ。あの中には特別な処理をした鉄粉が入っていて、鉄には酸素を吸う性質がある。最大50ccの酸素を吸着する脱酸素剤を入れて、缶の中が無酸素状態になった。

缶や紙など、容れ物の実験ばかり紹介してきたが、秋元さんは中身のパン生地も劣化しにくい素材を選んで改良を重ねている。

たとえば、卵黄の中に含まれるレシチンを使って、水分と油脂を乳化させた。レシチンを使うと細胞までしっかりとした乳化状態になり、生地が劣化しにくい。また、ふんわりしたやわらかな口当たりにするため保水性の高い素材を選び、老若男女に喜ばれる優しい甘さにもこだわった。

ついに、防腐剤などの添加物は一切使用しない、長期保存が可能なパンができた。

１９９６年の春。

おいしさと保存性を兼ね備えたパンの缶詰が発売になった。秋元さん自身の手で試行錯誤を重ねた商品が、いよいよ社会に出ていくのだ。

パンを缶詰に入れて焼き、長期保存をする方法で、日本のほかにアメリカや台湾、中国でも特許を取得した。

あの阪神・淡路大震災から、１年半が経っていた。

＊あきらめなければ失敗ではない

缶詰自体はそれほど難しい技術ではないので、大企業であればもっと早くに完成していたかもしれない。

しかし、ゼロから手さぐりで始めたことを考えると、この1年半の研究の日々は濃いものだったに違いない。場所も資金もない中、町のパン工場の片隅で、ああでもないこうでもないと100回以上の実験が繰り返された。

本当にできるかわからなかったし、できたとしても売れるかはわからない。

途中、何社もの製紙メーカーから冷たく断られ、窮地に陥る場面もあったけれど、現実的に考えれば当たり前の話だ。

それでも、秋元さんはあきらめなかった。

「発明王のエジソンだって、1万回失敗して1万1回目に成功したと言うでしょう？うまくいかないとあきらめてしまったら、失敗者になるんです。でも、あきらめなければ失敗ではない。そういう話が心の支えになりました」

パンの缶詰に最初につけられた商品名は、「カンカンブレッド」。失礼ながら、ネーミングや缶のデザインが、パッと垢抜けないところは田舎町のパン屋らしい。

秋元さんは、完成当時を思い出しながら語る。

「とにかく、うれしかったですねえ。私には4人の子どもがいるんです。妻も結婚してからずっと一緒にパン屋で働いてきました。この缶詰ができたときは、『やったぜ、5番目の子どもができた！』という気分でした。

4人の子はすでにずいぶん大きく育ちましたが、『この子』は苦労して苦労してできあがった子ども。ちゃんと育てなくちゃ、と思いましたね。

おそらくこの子が育っていく場所は、地元じゃないだろう。被災地など災害を経験した地域かもしれない。もしかしたら世界が舞台になるかもしれない。発明した責任を持って育てていこうと、社員みんなの前で言った記憶があります」

今までのパンは、地元で作って地元で売ってきた。しかしこの商品は、まったく違うところに広がっていくだろうと覚悟していた。

現在、アキモトで製造しているパンの缶詰の賞味期限は3年。生地にクリームなどを練り込んだものは1年となっている。

しかし、最初に作ったカンカンブレッドの賞味期限はわずか1か月だった。今ほど品質が高くなかったのだ。

「最初から100点を目指すのは無理なので、少しずつ改良しながらよりよいものにしよう」というのが、秋元さんの考えだった。

販売後、何度も改良を重ねて賞味期限がどんどん伸び、生地の配合も変えてよりおいしさを追求してきた。そして、発売から20年経ってなお、微妙な改良は続いている。

「今は、発売当時との環境も変化し、ライバル会社の商品がたくさん出てきました。先発のアキモトとしては、もっと進化していかなければならない。現場でも常にそのことは意識しています」

＊飛行機乗りからパン屋になった父

秋元さんが、何度も壁にぶち当たりながら開発をあきらめなかった理由の一つに、父健二さんの存在があった。

当時お元気だった健二さんとは、仕事をめぐって衝突することも多かったという。しかし、秋元さんが迷ったときには必ず進むべき方向を示してくれる父親だった。

健二さんが口癖のように語っていたことがある。

「目の前のことにとらわれず、大所高所から物事を見なさい。困っている人がいるのなら、それはやったほうがいい」

パンの缶詰の開発を始めたのも、この言葉があったからだ。

失敗ばかりでなかなか前に進めなかったときにも、アドバイスがあった。

「『ダメだ』とか『ここでおしまいだ』と思ったときも、少し引いて大局的に見るとアイデアが出てくる。よりよいサービスを考えなさい」

それらの言葉が、どれほど強く秋元さんの背中を押したことか。

秋元パン店の創業は、１９４７年。

第二次世界大戦が終わって間もないころ、父の健二さんによってその歴史がスタートしている。健二さんは１９１７年生まれなので、このとき30歳。２代目社長である秋元さんは、まだ生まれてはいない。

健二さんは、戦前は飛行機乗りだった。

大日本航空という航空会社で、国際線の無線通信士として働いていたのだ。当時の飛行機には、操縦士、副操縦士、機関士、無線通信士の４人が、必ず乗員として乗っていた。

「いつも４人でいろいろな場所に行くので、麻雀が得意になったと言っていました（笑）。パン屋を始めてもなかなかやめられなくて苦労したので、私には『麻雀はやるなよ』と。でも、私がやりたいと言ったことはなんでもやらせてくれましたね」

当時は今のような大型旅客機はなかった時代。旅客機といってもせいぜい10～20人乗りの小型飛行機で、料金もべらぼうに高い。乗ることができるのは政府や軍の要人、大会社の社長などひと握りの人たちで、非常に贅沢な乗り物だった。

そんな時代に健二さんは飛行機に乗り、海外を旅していた。多くの人の憧れだった飛行機で、普通の人が見られない景色を見ていたのだ。

しかし、あるとき健二さんに不幸が襲いかかった。

１９３７年５月。

健二さんの乗った大日本航空の球磨号は、福岡にあった雁ノ巣飛行場から、朝鮮の京城（現在の韓国・ソウル）に向けて出発した。ところが、離陸直後にエンジントラブルによって失速し、墜落してしまう。

乗員乗客11人のうち６人が犠牲となり、５人が重軽傷を負う大変な事故だった。

健二さんは一命をとりとめたものの、全身の６割にやけどを負った。20歳のときである。

秋元さんが知る父は、顔や手にやけどの痕が残り、腕と膝には金属の留め金が入っていた。手はかたまった状態で、数本の指も曲がっていた。

「親父は昔の写真を見ると、結構カッコいい人だったんですが、事故でひん死の状態になり、身体障害者になった。ずいぶん苦労したのではないかと思います」

戦争が終わって、大日本航空は解体する。健二さんは事故の後遺症を持ちながらも、新しい仕事を探すことになった。

＊見習い期間は1週間

終戦のときはまだ20代後半。戦争によって多くの人の人生が激変した時代だ。新たな生き方を見つけるため健二さんも模索したのだろう。

最初についた仕事はラジオの修理だった。テレビもパソコンもない時代だから、ラジオは情報を得るための大切な道具。戦後は新しいラジオがなかなか手に入らず、修理をする人が求められていた。もともと飛行機の無線通信士をやっていたので、機械には強かったのだ。

だが彼は将来的なことを考え、もっと自分に合った仕事、時代に合った仕事はないかと考えるようになる。ラジオの修理だけでは行き詰まると思ったのかもしれない。

信頼していた友人のお父さんに相談すると、「今は食糧難だから食べものを作ってはどうか」とアドバイスされたそうだ。

息子である秋元さんは、当時の話を健二さんから聞いている。

「今の日本からは考えられませんが、そのころは食糧難が深刻でした。終戦直後は誰もが食べていくことに必死だったんですよね。だから、食べものを作る仕事に惹かれたのでしょう。

親父は海外のこともよく知っていたし、時代の流れもあって『これから日本の食生活はもっと欧米化するだろう』と思っていました。そのとき浮かんだのが、レストランかパン屋という選択肢だったようです。そこで彼は、パン屋をやろうと決めたんですね」

健二さんは東京世田谷のパン屋で1週間ほど見習いとして働き、故郷の那須に戻って秋元パン店を開いた。なぜこんなに短い見習い期間で店がオープンできたのかは、息子の秋元さんも知らない。

戦後、誰もが早く貧しさから抜け出したいと願っていた。ものすごいエネルギーで、日本が復興を遂げていった時代だ。長い修業をするよりも、とにかく自分で事業を起こしたかったのではないか。

現在の店は那須塩原駅の近くにあるが、当時は隣の黒磯(くろいそ)駅近くにあった。もともと市街地があった場所で、そこに実家があったからだ。

黒磯にはすでに戦前からのパン屋がいくつかあったので、秋元パン店がオープンすることをよく思わない人もいた。

「あいつは、パンとは何の関係もなかったのに突然パン屋になって」と悪口を言われたり、見下されたりもしたという。

ただ、戦前から広い世界を見てきた健二さんだ。陰口をたたかれるくらいで、小さくなるような人ではなかった。

「親父はなかなか気骨のある人だったので、学校給食が始まると学校にパンをおさめるようになりました。地元の人からも信頼され、この店の基礎を作ってくれた。今、70~80代の方からは『お宅のお父さんは手が不自由なのに、パン職人として本当に頑張っていた。立派な人だった』と言われることがあります。周囲の人も認めるようなパン職人だったんです」

＊パン屋の二代目

秋元さんが生まれる前に、パン屋を開いていた父。

物心ついたときには家族みんながパン屋で働いていたし、秋元さん自身も家の仕事を手伝うのは当たり前だった。登校前には焼きあがったパンを箱に詰め、配達にも行った。二人の姉は中学生になると、売店の手伝いをしていた。

今でも思い出すのは、小学校4年のときのことだ。

いつもは簡単に物を買うような父ではないのに、あるとき立派な自転車を買ってくれた。なぜ買ってくれたんだろうと思っていたら、近くにある町工場に夕方のパンを届けに行くという約束つきだった。

「うまい話には理由があるわけです（笑）。でも、それをイヤだと思ったことは一度もありませんでした」

そういう時代だったというのもあるが、子どもが家の手伝いをするのは当たり前のことだった。

秋元さんは1953年生まれ。

高校までは地元の学校に通い、東京の大学に進学すると、アメリカ人宣教師が運営する寮に入って生活をした。そこで世話になった宣教師が帰国するときには一緒に渡米し、2か月間のホームステイも体験している。

父親に「アメリカへ行きたい」と相談すると、反対することもなく快く送り出してくれた。秋元さんの姉や弟二人も、大学時代に海外での短期留学を経験している。今ほど気軽に海外に行けない時代だったにもかかわらず。

「親父自身が若いころに世界を見てきたので、子どもにも同じ経験をさせたいと思っていたのでしょう。そういう部分ではとても理解がある人でした。『お金はないけれど、経験という財産を君たちに残すんだ』とか、カッコいいことを言っていました」

そのおかげで秋元さんは、アメリカに行ったり、のちに妻となる志津子さんとバンドを組んだり、大学時代は好きなことをして過ごしていた。

彼が育った昭和のころは、長男が商売の跡を継ぐのは当然という空気があった。しかし、比較的自由に育ったせいか、跡を継がなくてはというプレッシャーはなかったという。大学を卒業するときにも、ほかの友人と同じように就職しようと考えていた。

日本では高度経済成長が続き、世の中はどんどん豊かになるとみんなが思っていた。

バブルはもう少しあとの時代だが、秋元さんが大学を卒業するころは売り手市場で、友人の多くが大企業へと就職していった。

秋元さんは、新聞社に就職して記者になるか、空の仕事に憧れてＪＡＬかＡＮＡに就職したいと思っていた。那須に戻る気持ちなどまったくなかった。

しかし、パン屋の仕事をしていた祖母の叱責を受けた。

「何を言っているの？　あなたはパン屋の息子でしょう。パン屋を継ぐのが当たり前じゃないの！」

「素直に聞けなくてずいぶん抵抗しましたよ。でも、学生時代には自由に遊ばせてもらったし、好きなことはほとんどやりました。海外にも行かせてもらって贅沢をしたという思いもあったので、さすがに観念したんです」

秋元さんが空の仕事に憧れたのは、世界を舞台に働きたいと思っていたからだ。パン屋を継ぐのは田舎で暮らすということ。まさか、自分が作ったパンで世界にはばたけるとは思ってもいなかった。

家業を継ぐことを決意した秋元さんは、大学卒業後は東京にあるパン屋で２年間見習いとして働き、１９７８年の春に那須に戻って秋元パン店で働き始めた。

＊夫婦から家族へ

秋元さんと妻の志津子さんは、大学時代にバンドを組んでいた。志津子さんがギターで、秋元さんはウッドベース。秋元さんの従妹がボーカルだった。

「フォークグループみたいなものを作ってたの。時代を感じるわね」

そう言って志津子さんは笑う。音楽が好きな彼女は、今も教会の聖歌隊に入っているそうだ。

二人の出会いは、志津子さんが高校生の頃にさかのぼる。

秋元さんは大学の夏休みに北海道出身の先輩の家に遊びに行った。そのとき、友人の一人として紹介されたのが志津子さんだった。

その後、志津子さんは東京の短大に通うことになり北海道から上京する。二人ともクリスチャンで、通った教会も一緒。やがて自然に交際が始まった。

志津子さんと秋元さんは、短大と大学を同じ年に卒業。秋元さんが東京のパン屋で2年間見習い職人として過ごしている間、同じく志津子さんは洋裁学校に1年、その後は運輸省の臨時採用職員として働いた。

秋元さんが那須に戻って間もなく結婚する。結婚前、志津子さんは秋元さんから「専業主婦でいい」と言われていたそうだが……。

「それがとんでもない話でね（笑）。翌日から義母に『あれをしなさい』『こっちへ行きなさい』と言われて大変でした。『身体は一つしかないんだから、何か一つにしてもらえませんか』と言った覚えがあります」

当時はパン屋の上が住まいで職住一体。秋元さんの両親も一緒に暮らしていた。店は地域に根づき、毎日多くのお客さんで賑（にぎ）わっていた。

「朝起きたら職人さんのごはんを作って、調理パンを作って、製造も手伝って、店番もやりなさいって。そんなにいろいろできませんよねぇ。当時は従業員が20人ほど。職人さんからもたくさん叱られたけれど、みんなストレートで気持ちのいい人たちでした」

パン屋の仕事をしながら、志津子さんは４人の子どもを育ててきた。

秋元さんは若いころから外を飛び回っていたため、子育ては志津子さんに任せきり。身近にご両親や従業員がいたものの、育児はどれほど大変だったか。

「最初は、家にいない夫に不満だらけでしたよ。でも、どこかであきらめたんでしょうね。やってくれないのが当たり前と思ったら、楽になりました。だって、子どもが4人もいれば、私には母としての自信がある。何かあったときは、あなたのほうが家を出て行くのよって思っていました。

まあ、夫の蒸気機関車みたいな行動力のおかげで、パンの缶詰は発明できたんですけれどね」

今の時代だったら、女性たちから総スカンを食らいそうな父親像だ。

一方の秋元さんは、志津子さんを語る。

「妻がいてくれるから、安心して外に出られるんですよ。この会社は妻でもっている。パン職人は男性社会のように見えますが、お客様は圧倒的に女性が多い。女性目線での商売が本当に大事ですから」

志津子さんは自分の経験から「子どもたちには同じような苦労はさせたくない」と考えていたが、現在は4人の子どものうち3人が戻って一緒に働いている。

結婚したころには20人だった社員が、今では60人。次の世代にバトンタッチする未来もそう遠くはないが、今のアキモトの屋台骨を支えているのはこの二人だ。

第2章

缶詰が売れない！

——大きな視点で考える

＊売れない、さてどうする？

１９９６年に完成したパンの缶詰は、なかなか注目されなかった。そしてまったく売れなかった。

販売するといっても、自分の店に置く以外は販売ルートを持っていない。つきあいがあった那須の観光牧場や高速道路のサービスエリアに頼んで無理やり置いてもらったが、宣伝用ポップを作ったくらいではお客さんの反応がなかった。

それならば、と試食コーナーを作ってもやはり反応が薄い。隣で売っている焼きたてパンの味には負けてしまうのだ。

お土産の棚で手に取る人はいるけれど、もの珍しい面白グッズ的な扱いをされるのがオチだった。手に取ってもらうきっかけはなんでもいいとはいえ、そういう売り方をしたいわけではない。

認知度を高めるためには、テレビや新聞で広告を出せばいいのだが、そんな大金は持っていなかった。秋元さんは言う。

「私はちょっとずるいので、メディアを使おうと思ったんですよ。お金のかかる広告ではなく、ニュースとして新聞やテレビに取り上げてもらおうって」

実は、秋元さんはパン屋で働く一方、若いころからある新聞社の嘱託（しょくたく）記者として働いている。知り合いの記者たちに連絡してみると、反応がいま一つだった。

自分にとってパンの缶詰は、どこに出しても恥ずかしくない自慢の商品だが、「こんな製品ができたよ」というだけではニュースになりにくいと気づく。メディアが取り上げるにはネタとして弱いのだ。

自身の経験をもとに、メディア作戦を練り直した。記者が何に興味を持ち、何を求めているのか。そこで得た結論は、〝社会性というふりかけ〟をかけ、〝ストーリー〟を加えてアピールすることだった。

売り込みの日は、９月１日に照準をしぼった。ご存じの通り、かつて関東大震災があった防災の日。各地で防災フェアが行われる日である。

秋元さんは地元の市役所にパンの缶詰を５００缶プレゼントし、役所と相談して、贈呈式を開くことにした。

各メディアに「贈呈式を行うのでいらしてください」と連絡をし、当日を待つ。ふたを開けると、想像以上に多くの新聞社やテレビ局が来てくれていた。大勢の記者の注目を浴びながら、秋元さんは語った。

「このパンの缶詰は、阪神・淡路大震災の被災者の声から生まれました。お年寄りや歯の悪い人、子どもたちにも食べやすい新しい備蓄食です。1年半の開発期間を経てようやく世に送り出せます」

社会とのつながりを持たせ、そこにストーリーをからめていくことで、商品は記者たちの心に届く。メディアがニュースとして取り上げると、視聴者や読者など一般の人の目に留まるようになる。

その少し前にバブルは崩壊し、よい商品なら置いておくだけで売れるという時代ではなくなっていた。

「モノを売るよりコトを売る」とは近年よく言われる言葉だが、図らずも秋元さんは時代に先駆けてそのような手法をとっていたのだと思う。

人びとの関心が集まりやすい防災の日を選んだこと。まずは地元で役立ててもらおうと市への贈りものにしたことなどが功を奏し、このニュースはそれぞれのメディアで大きく扱われた。

特にNHKで報道された反響は大きかった。この日の正午に全国ニュースで取り上げられると、午後3時には同局が世界に発信する国際ニュースでも放送された。そんなことは知らずにいたら、番組を見たシンガポールの人からいきなり問い合わせの電話がかかってきて、あわてる場面もあった。

「テレビ報道の怖さを感じましたが、上手に呼びかけて利用すれば大きな力になることも知ったメディアデビューでした」

この報道をきっかけにいくつかの取材依頼があり、情報番組などでも紹介されて、パンの缶詰は少しずつ知られていくことになった。

＊パン屋と記者の二足のわらじ

若いころから、パン職人と新聞社の嘱託記者、二足のわらじを履いてきた秋元さん。パン・アキモトが、田舎町のパン屋でありながら広く認められる企業となったのは、パンの缶詰というユニークな商品の持つ力もあるが、メディアを戦略的に使ってきたことが大きい。

たとえば、こんなこともあった。

１９９７年に、島根県隠岐島(おきのしま)沖でナホトカ号重油流出事故が起きた。ロシア船籍のタンカーが日本海で大時化(しけ)に遭い、タンクが折れ、大量の重油が流出した事故だ。事故現場ではボランティアや自衛隊が重油の回収作業に当たっていたが、そのときも秋元さんはパンの缶詰を送ろうと考えた。

「海岸線で油の回収に悪戦苦闘しているのを知り、保存性があっておいしく水に強い缶詰なら有効に利用されると思いました。そこで、地元の仲間と話し合い、お金を集め、数千缶のパンの缶詰を準備しました。

また、メディアにも取材に来てもらうよう計らい、『新聞やテレビに出るから協力して』と運送会社に知らせて、被災地の役場に無料で運んでもらったんですよ」

どうすればメディアが動くか。メディアが動くことで周囲が動くか。秋元さんは常に知恵をしぼった。

そこにはやはり、彼自身の新聞記者としての経験が生かされていた。

新聞社で仕事をするようになったのは、もとをたどれば父の健二さんがきっかけだった。

秋元さんが小学生のころ、近所の高校に通う男子生徒が店にやってきた。以前の秋元パン店は、高校のすぐそばにあったのだ。

「パンの耳を譲ってください」

彼は家が貧しくいつもおなかをぺこぺこにすかせていたという。そして、パン屋にはいつもパンの耳が山ほどあって、ほしい人に分けていた。

その学生は、夕方になると「今から自宅に帰るのでパンの耳を譲ってほしい」と言ってやってくる。たびたびそういうことが重なったので、秋元さんのおばあさんや健二さんは、彼に声をかけてみた。

「うちに住みこんで、パン屋の手伝いをしてから学校に行ったらどう?」

ここにいればおなかいっぱい食べられるし、高校もすぐ隣にある。

彼は秋元家に住んで、家族と一緒に働き、家族と一緒にごはんを食べる生活を始めた。秋元さんより10歳年上の高校生。幼かった秋元さんは、年の離れた兄ができたようでとてもうれしかったという。

成績もよかったその〝兄〟は、東京の大学に入学して秋元家を去ったが、その後も交流は続いた。大学を卒業すると、彼は新聞社に就職し新聞記者となった。

しばらくして今度は秋元さんが上京して進学すると、東京での保証人になってくれた。秋元さんはたびたび家にも遊びに行ったそうだ。そこで、彼が事件現場や記者クラブに通う様子を知り、新聞記者の世界に憧れた。

就職のとき、空に関係する仕事をするか、「新聞社に勤めたい」と思ったのもその影響だった。

秋元さんは東京で2年間の修業を終えると那須に戻ってきたが、栃木県内で事件や事故が起こるたびに、〝兄〟からよく連絡があった。

その新聞社は那須に近い大田原に通信部を持っていたが、秋元さんは地元で育っているので土地勘があるし、人的交流も幅広い。当時は父親が社長だったために、秋元さんには時間があり、好奇心もたっぷりとあった。

「事件の裏を取りたいとき、〝兄〟から連絡がくるんです。頼まれればすぐに動いて、現場の状況を報告しました。そのうち、『秋元のところに行けば、いろいろなことがわかるよ』なんて言われるようになっていました」

　しばらくはフリーの立場で新聞社の手伝いをしていたが、転機となったのは１９８７年（昭和62）。昭和天皇が体調を崩し、那須の御用邸で静養されることが増えたときだ。

「那須にも記者が必要だ」と社会部部長の立場だった〝兄〟に頼まれ、秋元さんは嘱託記者を引き受けることになった。

　もちろんパン屋の仕事があったが、秋元さんとしては結婚式の仲人までしてくれた〝兄〟の頼みだったし、健二さんとしても息子のように育てた彼が言うのなら力になろう、と賛成してくれた。

「時間の許す限り、手伝ってみたらいい」

　健二さんのひとことで、秋元さんの二足のわらじの日々がスタートする。

それまでの手伝いの立場とは違って、記者なので原稿の書き方を習い、写真の撮り方も教わった。イベントが行われると聞けば見に行き、事件や事故が起きると現地に駆けつけ、記事を書いた。

パン職人の仕事は、日々おいしいパンを焼き続けることや、人々の暮らしに役立つ店を作ること。

しかし記者に求められるのは、フットワーク軽く動く行動力や、現場での情報収集力だ。人脈は大きく広がり、時代の流れにも敏感になった。

二つの仕事によって身についた力が、秋元さんの土台となっている。メディア戦略に鋭い嗅覚を発揮するのも、彼の記者としての経験を知ると、なるほどと思える。

＊新潟県中越地震で話題に

パンの缶詰はニュースや情報番組によって知られるようになったが、それが一山越えるとまた販売に苦労する日々が続いた。毎年、防災の日の前後だけはたくさんの注文が入ってくるけれど、それ以外は今ひとつパッとしない。

とはいえ、認知度が上がったことで少しずつ注文は増え、ホームセンターやデパートでの小売もじわじわ広がっていた。

缶詰の量産体制は、最初から整っていたわけではなかった。缶のふたをする巻締機（まきしめ）も最初は借りもの。秋元さんは、一気にお金をかけて大きな商売をするのではなく、成功したら一つ一つ段階を追って整えていこうと考えていた。

「私は意外と慎重なんです。急に広げて売れなかったら、社員が路頭に迷いますから」

その言葉通り少しずつ、儲（もう）けが出るたびに設備を整えていった。

設備だけではない。本社の建物は1988年に建設しているが、30年を経た2018年現在、8回の増築を重ねている。「うなぎの寝床のようだ」と秋元さんは言うが、その堅実さは建物にも表れている。

パンの缶詰が次に注目されたのは、２００４年10月に起きた新潟県中越地震だった。この地震で大きな被害を受けた長岡市は、健二さんが親しくしていたパン屋があり、秋元一家にとっては思い入れのある土地だ。

那須塩原からは直線距離で１２０キロほどと、意外に近い。震災直後からその店を中心に支援すると決め、手元にあるだけのパンの缶詰を運んだ。

それでは足りず購入者である自治体に声をかけると、東京都中央区、稲城市、千葉県浦安市、埼玉県戸田市などが、備蓄していたパンの缶詰を直接新潟に送ってくれることになった。また、ほかの取引先も「送りたい」と申し出てくれて、ずいぶんたくさんのパンの缶詰が現地に運び込まれた。

数日後、テレビニュースで現地の対策本部が映し出されたとき、秋元さんは画面にくぎづけになった。

「わが社のパンの缶詰が、山のように積んであったんです。よかった、と心底思いました。震災は起きてほしくありませんが、パンの缶詰が完成して10年近くが経ち、ようやく目に見える形で役立ててもらうことができました」

長岡市内の学校が震災の１週間後に再開したときには、給食センターがまだ運営できず、給食の代わりにパンの缶詰が配られた。数日間子どもたちは、このパンと牛乳の給食で過ごしたという。

また、震災後に建物の倒壊査定などで山古志村など村落に入った人の食事にもパンの缶詰が利用された。これらがニュースに取り上げられ、アキモトには全国からの注文が殺到した。

そうなると、小さな工場では対応が難しい。当時の生産数は一日最大４０００～５０００缶。注文がどんどんたまって、一時は4か月待ちの状況になってしまった。オンラインショップで直接購入する一般の消費者からの注文もあれば、企業や自治体や学校の申し込みも、スーパーなど流通業者の大口注文もある。せっかく注文を受けても間に合わない状況には、忸怩（じくじ）たる思いがあった。

「災害時に備えるための商品なのに、『ないから待って』と言うのは何かが違う。待ってもらっているうちに、再び災害が起きることだってないとは言えません」

それは工場がある那須でも同じこと。秋元さんの頭の中に、那須以外にもう一つの生産拠点を持ちたいという思いが芽生えていた。

＊沖縄に新工場を立ち上げる

最初に浮かんだのは、大阪か広島あたりの西の地域だった。どこかよいところはないかと探してみたが、結局うまく進まない。あきらめていたころ、沖縄県が工場誘致をしていて新しい工業団地の一角の賃貸工場を借りないかと勧めてきた。

那須からは遠い場所だ。しかし、360度を美しい海に囲まれている沖縄には、秋元さん一家の強い憧れがあった。なにしろ栃木県には海がない。最初に視察に行ったのは、志津子さんだ。

「まぶしい太陽と青く光る海。何もかもが那須とは違う、私の育った北海道とも違う場所で、新しい工場ができたらどんなに素敵かなあと思って」

当時は、隣県の福島空港から毎日沖縄行きの便が飛んでいた（現在は休止）。朝の飛行機で発てば、その日のうちに帰ってくることができるのも決め手となった。

秋元さんが沖縄に視察に行ったのは、2005年3月。

半年後の9月には、また防災の日が巡ってくる。そのときに十分な量を用意するために、急ピッチで準備を進めた。倉庫のような建物の中に空調のきいたパン工場を設置することにし、必要な機械類を搬入した。また、本社から数名の技術者を派遣。現地で数人雇って、７月のオープンにこぎつけた。

その後、アメリカで長くパン製造の仕事をし、帰国して沖縄に住んでいた人との出会いがあり、工場長を任せることにした。

秋元さんが沖縄にパン工場を開いて痛切によかったと感じたのは、２０１１年の東日本大震災のときだった。

那須本社は被災し、何日か営業できない日々が続いた。その中で、東北に向けて缶詰を送れたことは、沖縄工場があったからこそだ。

また、那須は福島が近いために、放射能汚染の風評被害にも悩まされた。実際は何度検査をしても放射能が検出されることはなかったが、震災直後には「汚染されているのでは？」との問い合わせが次々と寄せられた。

８割方の缶詰は沖縄で製造していたので「大丈夫です、心配な方には沖縄から出荷します」と言えたのも、缶詰専用工場を作っていたからだ。

実は、2005年に沖縄工場を作ったものの、翌年からは売り上げが減少し、撤退しなければならないと考えた時期もある。新潟県中越地震後の注文の殺到は、すっかり落ち着いてしまっていた。

「工場を作って、沖縄の人を雇って、機械も買って、それで売れないと経営は厳しい。でもそのとき、スタッフと考えました。ここは缶詰専用工場だけど、せっかくパンを焼くことができるのだから、普通のパンも作って売ろう」

日々のパンを焼くことは、那須でもずっとやっている。その技術を沖縄工場に伝授し、さまざまなパンを作った。ただし那須と違うのは、販売する店がないこと。そこでまた、スタッフと考えた。

「通勤用の車で訪問販売だ。行け〜！って」

ピンチのときでも、思いついたことはどんどん行動に移すのがアキモト流だ。周囲の人はついていくのに大変かもしれない。

しかし、この訪問販売が意外なほどよく売れた。現地スタッフに助けられて、沖縄工場は息を吹き返した。

＊沖縄での思いがけない米軍認定

沖縄では応急手当的にパンの訪問販売を続けていたが、それでは根本的な解決にはならないと考えていた。

そのころ、学生時代に知り合ったアメリカの宣教師から連絡が入る。かつて彼が日本に住んでいたときに仲よくなり、秋元さんが渡米してホームステイしたときにもお世話になった人だ。沖縄事業で苦境に立たされていることを知って連絡をくれたのだった。

「アキモト、昔オレたちと一緒に横須賀（よこすか）基地の中でレッドクロス（赤十字社）のボランティアをしたのを覚えているか？　沖縄の嘉手納（かでな）飛行場の中にも、レッドクロスの支所がある。そこに行って売り込んだらどうだろう」

赤十字社は、戦争や災害で傷を負った人たちの救護活動をする国際団体で、組織は世界中に広がる。日本で活動するのは日本赤十字社。嘉手納飛行場はアメリカの空軍基地なので、アメリカ赤十字社の支所が置かれている。

そこに連絡を取ってみろ、というのが宣教師のアドバイスだった。

秋元さんはすぐに嘉手納飛行場に電話をし、パンの缶詰を持って訪ねて行った。するど赤十字のスタッフは缶詰を面白がり、売店の管理人を紹介してくれた。そこでもまた気に入ってもらえたので喜んでいると、管理人は言う。

「基地の中で食品を販売するには、食品管理局（フードインスペクション）の認定が必要なんですよ。許可を取ってからまた来てください」

あちらこちらに回され、申請書類を提出してから返事を待つことにした。

あるとき、抜き打ちでアキモトの沖縄缶詰工場に検査が入る。突然検査官がやってきて、仕事ぶりを隅々までチェックしていった。

そして、半年後。ちょうどバレンタインデーに、担当者である年配のアメリカ人女性からメールが送られてきた。

「おめでとう！」

ようやくアメリカ軍食品管理局の認定が下りたのだ。

「ずいぶん時間がかかりましたね」

秋元さんが返信すると、パン工場の抜き打ち検査のほかに、スタッフの身辺調査まで行われていたことがわかった。

アメリカ軍が恐れていたのは、食品に毒物が混入すること。２００１年のアメリカ同時多発テロ事件のあと、白い粉が封筒に入って届いた事件があった。中身は生物兵器の炭疽菌だった。それ以降、白い粉には慎重になっているという。

パン屋は大量の白い粉を使うので、念入りな調査に半年もの時間を要したのだった。時間はかかったが、アキモトの沖縄工場はアメリカ軍による認定を受け、晴れて基地の中でパンの缶詰が販売できることになった。

最初は基地に働く個人向けに販売。それだけでは面白くないと思った秋元さんは、「公式に買ってもらえないか」と頼んでみた。

すると、飛行場の消防隊長に商品が気に入られ、正式に軍の予算で消防隊が購入してくれた。

これが大きな実績となる。のちにパンの缶詰はスペースシャトルに搭載されることになるのだが、このときも沖縄での実績が大いに役立った。

＊NASUからNASAへ

宇宙飛行士の若田光一(わかたこういち)さんとは、ある人の紹介で出会った。彼が日本に帰国したときに何度か会って話す機会があった。

秋元さんが若田さんに親しみを覚えたのは、父の健二さんと同じく航空会社出身だったことだ。

「うちの親父も飛行機乗りだったんですよ」

「そうでしたか！」

そんな会話で盛り上がったあと、パンの缶詰を試食してもらうと、「おいしいし、面白いですねえ」と興味を持ってくれた。

その後、若田さんが国際宇宙ステーションに長期滞在することが決まったとき、秋元さんは思いきって個人的にメールをしてみた。

「宇宙に長期滞在されるなら、長期保存できる食べものが必要ですよね。うちの缶詰のパンはどうですか？」

「いいですね」

前向きに検討してもらえることになった。

宇宙に持っていく食べものには、さまざまなハードルがある。絶対に食中毒にならない安全なものであることや、においが強くないこと、常温で長期保存ができてなるべく軽いことなどだ。

特に、安全性は厳しくチェックされる。ＮＡＳＡから「何か証明書はないか」と言われたとき、パンの缶詰技術がアメリカの特許を取得していたことや、沖縄の米軍基地で認定を受けていたこと、さらに軍に購入してもらった実績は「安心・安全な食べもの」の裏づけとなった。

そしてパンの缶詰は、ＮＡＳＡの公式食品ではないが、若田さんの個人的荷物の中に5缶ほど積み込んでもらえることになった。２００９年のことだ。

若田さんが宇宙に長期滞在していたとき、国際宇宙ステーションからＮＡＳＡに届く映像ニュースを編集した番組がＮＨＫで放映された。

宇宙での仕事や、プライベートな生活が映し出される。若田さんはほかの乗組員たちの前で、袋の中からパンの缶詰を取り出し、ちょっと自慢げに語っていた。

「これはカンブレッドだよ。宇宙ステーションのパンなんだ」

重力のない船内でアキモトの缶詰がふわりと浮かび、若田さんがそれをキャッチした。

「えっ、なんだこれ⁉」

秋元さんは、内容を知らされていなかったこともあって驚き、感激で自分が宙に舞いあがりそうだったらしい。

缶詰が宇宙に行ったことはわかっていたが、その証明はどこもしてくれないのだとあきらめていた。自分の作ったパンの缶詰が若田さんの手で宇宙に届き、まさかこうして映像で見られるとは！

アキモトのパンの缶詰は、NASAに行ったことで改めて多くの人に知られることになった。

その後、若田さんは無事に帰還。日本に一時帰国したときには、秋元さんも話をするチャンスがあった。

「『ほかの宇宙飛行士と取り合いになるくらい、宇宙では人気でしたよ』とパンの缶詰の感想を直接聞いて、改めて喜びがこみあげてきました。若田さんはとても明るい人ですが、ミッションに対しては非常にまじめに結果を出していくすごい人です。彼には、夢、希望、探究心の大切さを教えてもらいました」

＊空から見ると国境はない

若田さんと話していると、秋元さんは81歳で亡くなった父を思い出す。今、生きていれば101歳だ。

戦前戦中、飛行機に乗ってアジアを中心に世界を回り、普通の人が見られないものを見ていた父。若田さんはそれよりもさらに大きな宇宙を見ているけれど、空を飛んでいた父も、常に広いところから物事を見る人だった。

「親父が繰り返し言っていたのは、大局的にものを見なさいということ。

地上を歩いていると山もあれば谷もあって国境もある。大変なことがあると、『進むことをやめたい』と思うときもあります。でも、空を飛んでいる人には制限がない。どこでも飛んでいくことができるんだよ、と父が話してくれたことがあります。

今も壁にぶち当たるたびに、そのメッセージが後押しをしてくれるんです。空から見たら国境だってない。国境は人間が作るものですからね。そういうことを教えてくれたのが父でした」

秋元パン店を創業した健二さんは、より新しいこと、よりよいサービスに積極的に挑戦し続けていた。目の前に何かを必要としている人がいれば、その人のために役に立つことを考える人だった。

その思いを継いで、二代目の秋元さんもいろいろなことを試し続けてきた。店でパンを売るだけではなく、車で移動販売を行ったり、スーパーマーケットの中にベーカリーを開いたりした。新しいこと、よりよいサービスに積極的な社風があったから、パンの缶詰も生まれたと言えるだろう。

すべては、必要としている人のために。そして、必要としている人のもとへ。

秋元さんにとってチャレンジは、とても自然なことだった。

第３章で紹介する「救缶鳥」も、世界を広く見ていた父の健二さんの思いからつながったプロジェクトだ。

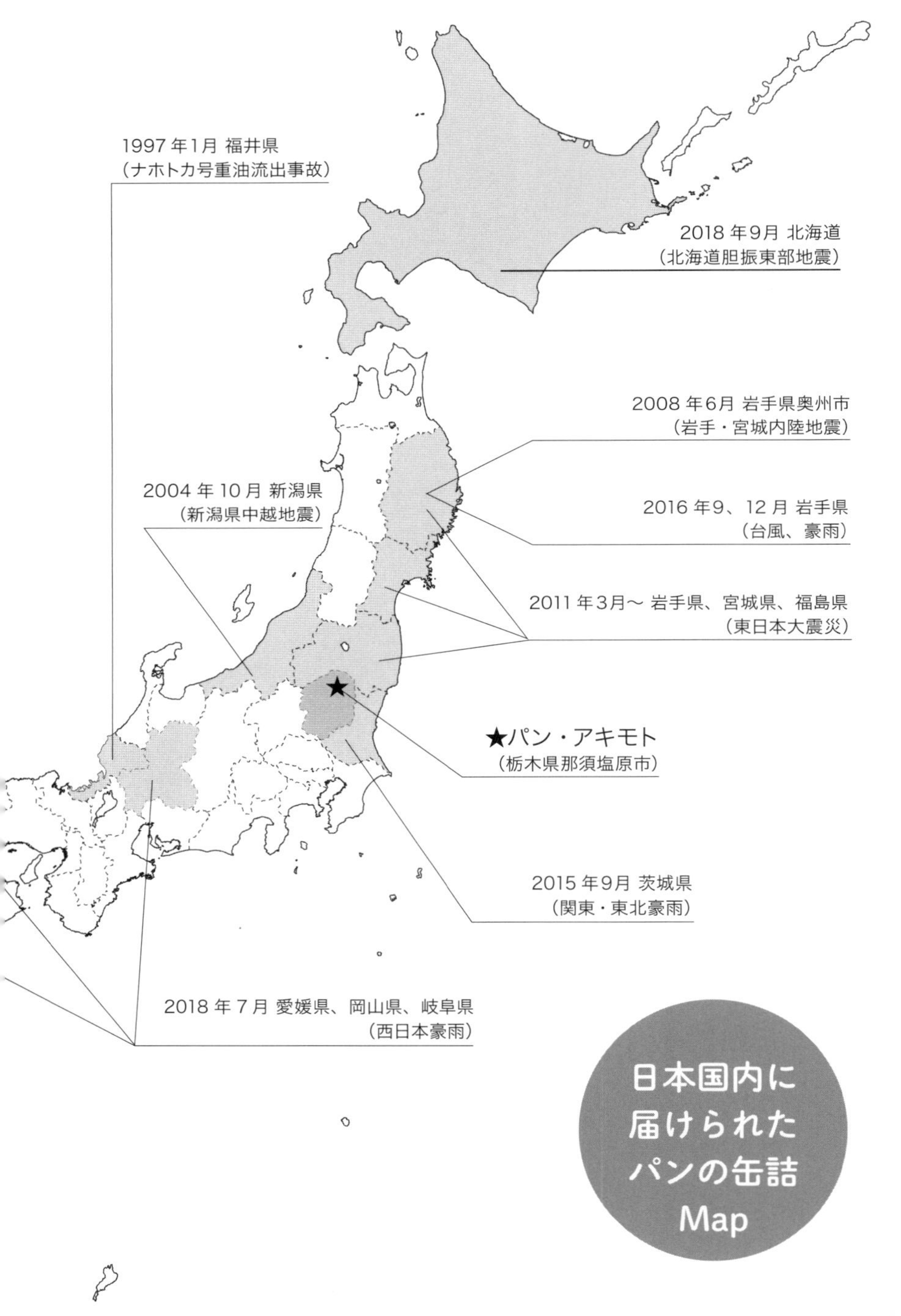
1997 年1月 福井県
（ナホトカ号重油流出事故）
2018 年9月 北海道
（北海道胆振東部地震）
2008 年6月 岩手県奥州市
（岩手・宮城内陸地震）
2004 年 10 月 新潟県
（新潟県中越地震）
2016 年9、12 月 岩手県
（台風、豪雨）
2011 年3月〜 岩手県、宮城県、福島県
（東日本大震災）
★パン・アキモト
（栃木県那須塩原市）
2015 年9月 茨城県
（関東・東北豪雨）
2018 年 7月 愛媛県、岡山県、岐阜県
（西日本豪雨）
日本国内に
届けられた
パンの缶詰
Map

各地に届けられたパンの缶詰の数

1997 年 1 月　福井県……約 1,000 缶
2004 年 10 月　新潟県……2,400 缶＋数千缶＊
2008 年 6 月　岩手県奥州市……2,400 缶
2011 年 3 月～岩手県、宮城県、福島県……100,000 缶以上
2014 年 8 月　広島県広島市……960 缶
2015 年 9 月　茨城県……10,500 缶
2016 年 4 月　熊本県……20,000 缶
9 月　岩手県……1,300 缶
12 月　岩手県……200 缶
2017 年 7 月　福岡県、大分県……7,000 缶
2018 年 7 月　愛媛県、岡山県、岐阜県……8,400 缶
9 月　北海道……1,140 缶

合計
15万5,300缶以上

＊各自治体や企業からの寄付分（2018 年 9 月末現在）

2014 年 8 月 広島県広島市
（広島土砂災害）

2017 年 7 月 福岡県、大分県
（九州北部豪雨）

2016 年 4 月 熊本県
（熊本地震）

第3章

缶詰が捨てられる？

——救缶鳥プロジェクト発進

＊処分などできない

ニュースや情報番組で取り上げられたこと、新潟県中越地震や各地の災害被災地で使われたこと、宇宙にまで飛んでいったことなど、パンの缶詰はさまざまな理由で多くの人の目に触れ、企業、自治体、学校などの大口注文も増えていった。

そんなある日、神奈川県の某市役所からアキモトに電話が入る。担当者と親しくしていた秋元さんが電話に出た。

「3年前に購入したパンの缶詰、賞味期限が近づいたので新しいものに入れ替えますね。そのかわり、古いものはそちらで引き取って処分してもらえませんか」

「えっ？」

秋元さんは耳を疑った。

古くなったとはいえ、賞味期限の前なら持って行ってくれる人、缶詰をほしい人はいくらでもいるのではないだろうか。

担当者に聞いてみる。

「まだ、賞味期限が切れる前ですよ。市民や職員に配って食べてもらえばいいんじゃないですか？」

「いや、もう期限はぎりぎりだし税金で購入したものだから、勝手に誰かが食べるわけにいかないんですよ」

驚くほど、頭の固い答えが返ってきた。

役所には役所の言い分もあるのだろう。少量であれば身近にいる人たちに配ればいいが、自治体が備蓄しているのは大量の缶詰だ。「無料でどうぞ」と言っても、簡単に配りきれる数ではない。

また、アンケート調査にはこんな統計もあった。

「賞味期限が切れる直前の備蓄食をもらっても、8～9割の人が捨てている」

すぐに期限がくるものに、多くの人は手をつけない。これは学校でも同じで、賞味期限ぎりぎりの備蓄食が配られても、生徒はほとんど手をつけないそうだ。

「食べずに捨てるなんて、もったいなさすぎる」と思わずつぶやいたら、「そう思う人の多くは古い世代ですよ」と秋元さんに言われてしまった。

若い世代は、家族がいつも賞味期限や消費期限の数字を気にしているのを見て育っている。食品を選ぶ基準は数字で、数字が何より大事。賞味期限はおいしく食べられる期限なので、少々過ぎたくらいでは問題はないのだが、それも気分の問題が大きいのだと思う。

期限が切れた大量の缶詰の処分は、産業廃棄物扱いになる。市役所からの電話のあと、秋元さんは産廃業者から見積もりを取った。

出てきた費用は、1缶につき70～80円。これほど高いのは、缶・パン・紙を、すべて分類しなければならないためだ。たとえば、5000缶を処分すると、35～40万円。1万缶を処分すると70～80万円……。

開発に時間をかけ、精魂こめて作ってきたパンを、これほどの費用をかけて処分するとはどういうことだろう。

もし、今後も大口の顧客から古い缶詰を引き取ってほしいと言われたら、どう対応すればいいのだろう。

秋元さんの頭の中に、疑問や不満が渦巻いていく。

「新しい缶詰を買ってくれるというのだから、引き受けて処分してあげればいいのかもしれません。しかし、われわれパン屋はみなさんに食べてもらうために作っているんです。捨てるために作っているわけではありません」

結局このときは役所に考えてもらったものの、製造元としてどうすればよいのかという思いが消えなかった。

そして、結果的に捨てられてしまうものを作ったことについての、自責の念も生まれていた。

*スマトラ島沖地震で見えたもの

賞味期限を迎える缶詰の使い道について考えるきっかけになったもう一つの出来事が、インドネシアのスマトラ島沖地震だ。

東日本大震災が起きる前、大津波で南の島々に甚大な被害が出た地震を覚えている人も多いだろう。2004年12月のことだった。

地震から数日後、スリランカで日本語学校の教師をしている知り合いから秋元さんに連絡が入る。

「津波ですべて流されて、食べるものも何もなくなってしまったんです。そちらにはパンの缶詰がありますよね。売れ残りでも古くてもいいので、送ってくれませんか?」

なるべくたくさんスリランカに送りたいと思ったが、2か月前に新潟県中越地震が起きたばかりだった。社内にあったほとんどの缶詰を新潟に提供していたし、その後は全国からの注文が殺到していたので、売れ残った商品もない。

それでも周囲に声をかけてかき集め、賞味期限が残り少なくなっているものも含めて1000缶を、毛布と一緒にスリランカに送ることができた。

被災地で役立ったことを聞き、秋元さんは気づく。

日本では賞味期限が近づいて処分に困る缶詰が、必要とされる場所に持っていけば心から喜んでもらえる、ということに。

世界に目を向けると、災害はいつもどこかで起きている。また、飢えに苦しむ地域では、時期に関係なく人々がおなかをすかせている。

「あちこちから缶詰を集めてわかったのですが、日本人はやさしいので、困っている人がいたら助けたいという思いが強いんですね。声をかければ、多くの人が応えてくれます。

放っておけば処分することになるかもしれない缶詰も、処分前に世界に運べば役に立つ。缶詰と一緒に『日本人のやさしさ』も届けられると思いました」

この気づきが、賞味期限前の缶詰を無駄にしないための活動へとつながっていく。

＊ハンガーゼロ（日本国際飢餓対策機構）とのつながり

もともと秋元さんは、パンの缶詰が完成したときから、「この商品は海外の飢えに苦しむ人たちの支援につながるのではないか」と考えていた。

ただ、どうやって海外とつながったらいいかわからず、送るルートも見つからなかった。日本から普通に送ると輸出の物流費や関税がかかるので、小さなパン屋の社会活動としては負担が大きすぎる。

そのとき、父の健二さんと一緒に考えたのが、「1缶作るごとに1円を寄付して、飢餓地域の子どもたちを救おう」ということだった。

この寄付を通してつながったのが、本書にたびたび登場しているハンガーゼロだ。

ハンガーゼロは、キリスト教精神に基づき世界の貧困や飢餓問題の解決のために活動している団体で、世界各国にネットワークがある。

世界中で、どれくらいの人たちが飢餓に直面しているかご存じだろうか。

ハンガーゼロの資料には、次のように紹介されている。

〈死亡原因第１位〉世界の死亡原因の第１位は「飢餓」です。

〈５秒に１人〉飢餓が原因で命を落とす子どもが５秒に１人。年間６９０万人います。

〈９人に１人〉世界人口72億人の内の８億人、９人に１人が飢えに苦しんでいます。

〈１７２８万トン〉日本人の食べ残しは全食糧の20％、年間１７２８万トンです。


なんとなくは知っていても、改めて見ると衝撃的な数字が並ぶ。

日本のハンガーゼロは、現在世界18か国55の協力団体と共に、アジア、アフリカ、中南米の開発途上国で、自立開発教育、教育支援、緊急援助、海外スタッフ派遣などを行っているそうだ。

ハンガーゼロとアキモトの関わりは当初は寄付金だったが、ハンガーゼロが各国とつながって現地の人と共に活動していることを知った秋元さんは、パンの缶詰を世界に届けることが可能か相談に行った。

ハンガーゼロの理事長、清家弘久（せいけひろひさ）さんは当時のことをこう語る。

「秋元さんに会ったのは２００５年。以前から寄付をいただいていましたが、直接会ったのはそのときが初めてでした。

彼の言葉でよく覚えているのは、『自分たちはパン屋だ。パンを食べてほしいんだ。作ったパンが備蓄の先で捨てられてしまうのはどうしても嫌なんだ』ということ。それがハンガーゼロの『飢餓のない世界を実現する』という理念とも一致して、意気投合したんです」

ちょうどその時期に開催された愛知万博（愛・地球博）で、ハンガーゼロは期間限定のパビリオンを出していた。

「私たちの冷蔵庫では無駄になってしまうものがたくさんありますが、世界にいる約8割の人はおなかをすかせているんです。残りのたった2割の人が、世界の8割の食糧を食べていることを紹介する内容でした。

それを見たこともあって、秋元さんはおなかをすかせた人にパンを食べてほしいと思ったんでしょう。当時はリサイクルの必要性が盛んに言われていましたが、リサイクルというのは基本は形を変えるものなのでエネルギーを使います。

そうではなく形を変えないリユースで、途上国に缶詰を持っていきたい。1缶1円の寄付よりも、どうやって缶詰を回収して現地に運ぶか。輸送費をどこが持つかなどの仕組みを考えたほうが、お互いにウインウインの関係になれるのではないか、と話しました」

たびたび二人で話し合い、それを秋元さんが会社に持ち帰って検討し、パンの缶詰リユースシステムの形が見えてきた。

＊やさしさを世界に届けよう

秋元さんと清家さんが考えた、「パンの缶詰を無駄にしない『保存食リユースシステム』」は、次のようなものだ。

パンの缶詰の賞味期限は3年。企業や学校や自治体など大口の顧客の多くは、再び購入してくれるリピーターで、アキモト社内で顧客リストが管理されている。

通常なら3年が経つ少し前に次の注文を聞き、届けることになっていた。

それを1年ほど前倒しにして、購入の2年後に声をかける。次の購入を約束してくれたところには新しい缶詰を届け、それと同時に古い缶詰を回収する。

新しい缶詰を届けるときに古い缶詰を回収するので、入れ替えは一度の手間で済む。

顧客の手元からパンの缶詰がなくなる期間もない。

そして回収した缶詰は、最終的にハンガーゼロの拠点である大阪に集められ、船便に乗せて海外に輸送することになった。もちろん、日本で災害が起きれば日本の被災地に届けることもある。

「救缶鳥」プロジェクトの仕組み

STEP 1

「救缶鳥」を購入し、一定期間備蓄

家庭や学校、企業、自治体などが有事・災害対策に「救缶鳥」を 2 年間備蓄。
回収の1〜2か月前に支援活動の案内が届く。

STEP 2

「救缶鳥」を回収

再度備蓄の申し込み、納品および回収が可能。
購入代金から「回収個数× 95 円（税抜）」がディスカウントされる。

STEP 3

義援先へ輸送

回収された「救缶鳥」は NGO などへ送られる。
NGO などを通じ、コンテナで義援先へ輸送。

STEP 4

義援先へ届く

飢餓に苦しむ人々を救う食料として、現地に届く。

届け先についてはハンガーゼロが取り扱うが、災害が起きたときなどは相談し合って臨機応変に決めていくことにした。秋元さんは言う。

「今まで3年保存していたものを、2年で回収することに賛同してもらえるか不安もありました。でも、『みなさんのやさしさを世界の人に届けます』というメッセージを出したことで、賛同してくださる方が増えていったんです。新しい缶詰を少し割引したのもよかったんでしょうね」

これがのちのち、「下取り」という考えにつながっていった。

下取りというと、普通は電気製品や車など大きなモノを思い浮かべるが、パンの缶詰の下取りだ。下取りをした個数分だけ、次に購入する缶詰が安くなる。よほどのことがない限り返品すらきかない食品に、下取りや回収のシステムを持ち込んだのは画期的なアイデアだ。

日本各地からパンの缶詰を回収する費用はアキモトが持つが、そこから先の海外への輸送費はハンガーゼロが持つ。

国内からの回収についてはのちに説明するとして、ここでは海外への輸送費用について清家さんに説明していただこう。

「海外にパンの缶詰を運ぶのは船便で、たいてい20フィートのコンテナを利用します。アジアの場合、コンテナ一つの送料が約10万円、アフリカはその2倍ほどです。私たちは船を持っているわけではありませんが、電話1本で船を出してくれる協力者がいます。基本はやっぱり人と人。助けてもらって動いているんですよ」

ハンガーゼロの資金は、一般の人からの寄付で成り立っている。単発の寄付もできるが、月1000円~1万円の継続的なサポーターが中心だ。

集まった寄付金はさまざまな国のさまざまな支援に使われていて、パンの缶詰の輸送費用もここからの予算で賄（まかな）われている。

このシステムがうまく回れば、自治体などが大量の缶詰の処分に悩んでいたことも解決するし、世界中の被災地や飢餓に悩む地域を助けることができる。

そして、アキモトにとっても商品購入のリピーターを増やしていくことと、社会貢献を同時にできるシステムだ。

このリユースシステムが動き出した数年後には、ハイチ地震が起きた。

30万人以上の人が亡くなる大変な災害だったが、地震直後からアキモトでは支援プロジェクトを立ち上げ、ハンガーゼロと共に動いている。

すでに回収を終えていた缶詰だけでは足りず、企業や学校など大口の顧客に2年を待たず早めに声をかけた。全部で3万缶が集まってハイチに送ることができたという。

製造、販売、回収、そして海外の飢餓地域へ――。

ハンガーゼロの協力でできあがったパンの缶詰のリユースシステムは、アキモトの事業に一本の筋を通すものになった。

ただ、秋元さん自身は「まだこのシステムでは不十分」と考えていた。なぜなら、パンの缶詰のユーザーは大口の顧客だけではない。家庭用の備蓄食として数多く販売されている。一般の個人ユーザーに対しても、同じように回収と配送の仕組みができれば、このシステムは本物になる。

＊個人ユーザーから回収する

個人ユーザーにリユースシステムを取り入れたい理由は、もう一つあった。秋元さんは語る。

「実は、パンの缶詰の売れ行きに翳（かげ）りが見えていました。もともとパンの缶詰の売れ行きには波があったのですが、リーマンショックなどもあって景気がどんどん悪くなり、企業や役所の購入数が減っていったんです。

このまま大口の顧客だけを対象にしていると、下降線をたどっていくだろう。そこでリテール（小口）でもできないかと考えました」

秋元さんはいつも思う。

「ピンチこそ、ビジネスチャンスだ」

とはいえ、個人ユーザーのリユースを可能にするためには問題が山積みだった。大口の顧客の場合はトラックを一度手配し、大量の荷物を届けて同じ量の荷物を引き取り、大阪の倉庫に運べば済む。手配は簡単だし、送料もそれほどかからない。リユースシステムを始めることができたのも、そのためだ。

一方個人ユーザーの場合は、1箱や2箱の回収のために1軒1軒回る必要が出てくる。扱う物は小さいのに、かかる手間はけた違いだ。その都度費用もかかる。全国にネットワークを持つ運送会社との協力も必要だろう。

「おそらくどんな運送会社でも、正規の送料を払えばやってくれるでしょう。しかしこのプロジェクトは、回収したあとの儲けはまったくありません。発送時の送料はお客様負担でも、回収時の送料を負担していただくわけにはいかないし、アキモトとしても正規料金を支払う余裕はない」

普通の人なら、頭を抱えて断念してしまうところかもしれない。しかし、秋元さんはまたしてもあきらめなかった。

物流業者にとってメリットがあり、アキモト側の負担も少ない配送と回収の仕組みをなんとか作れないだろうか。

「そこで、日頃から何かと提案をされていたヤマトフィナンシャルの森川秀明(もりかわひであき)さんに相談を持ちかけました」

少しでも可能性があると思えば自分から積極的に動き、周囲の人を巻き込んでいくのが秋元さんのやり方だ。

　特に、目的が定まってエンジンがかかると、スピードが加速する。本人は「ただの田舎のパン屋ですよ」と謙遜するけれど、ただ者ではないと感じるのは、こういうときだ。

　森川さんは「非常に興味を惹かれる話なので、ぜひ協力させていただきたいと思いますが、まずはどう進めていきましょうか」と、秋元さんの話を身を乗り出すようにして聞いてくれた。

「秋元さんと私は、髪型が共通点。そのおかげで、会ってすぐに仲よくなって、このプロジェクトをうかがう前から、さまざまなご提案でよく訪問させていただいていたんですよ」

　ハハハ、と明るく笑う森川さんに当時の話を聞いた。

「秋元さんはクリスチャンということもあって、社会事業に懸ける思いがとても強い人でした。もう10年近く前ですが、熱く語られたことをよく覚えています。私も話をうかがって、できる範囲で協力したいと思ったんですよ」

　森川さんが属するヤマトフィナンシャルは、ヤマトグループの物流・情報・決済を融合させた独自のサービスを提供する会社。宅急便を配送して通販などの代金引換が発生する際、料金の決済機能を提供するのがヤマトフィナンシャルだ。

森川さんが窓口となったのは、アキモトからのパンの缶詰配送には、以前から代金引換サービスが使われていたためだ。

今回は秋元さんの話を聞き、配送の仕組みをどう動かすのが最も効率的か、採算を合わせるためにどうすればいいか。代金引換サービスを含めた具体的なシステムを秋元さんと一緒になって考え、スキームを構築していった。ただし、あくまでヤマトグループの関わりはビジネスの枠の中で、社会貢献活動ではない。

最終的には、実際の配送業務を行う地元のヤマト運輸とヤマトフィナンシャル社内の理解を得るため、考えたスキームをもとにした提案書を作成して、相談に出向いた。

＊救缶鳥プロジェクト、物流システムの完成

当時の森川さんの資料には、次のように書かれている。


〈国際貢献に取り組むお客様のご紹介〉

株式会社　パン・アキモト
国内外４か国で特許取得の長期保存可能な「パンの缶詰」を販売しており、スペースシャトルにも積載され、国際宇宙ステーションで食べられるほどのパンの缶詰です。

↓「保存食リユースシステム」を独自に展開しています。

「保存食リユースシステム」の背景には、世界の現実が。

世界の飢餓人口は増加の一途。

一方、先進国の「保存食」は、賞味期限を迎えたら廃棄される。

「保存食リユースシステム」とは――。

3年間保存可能なパンの缶詰を備蓄食として、自治体・企業等に販売。販売後2年経過して、賞味期限が1年になったパンの缶詰を下取り。下取りした商品は、食糧難の地域や被災地に義援物資として贈ります。

「保存食リユースシステム」をアレンジし、新たにB to C（個人顧客向け）市場を開拓できないかとの秋元社長の発想から、個人向けリユースシステムを提案。


【秋元社長の言葉】

全国から物資を集約するためには、ヤマトグループのネットワークが必要不可欠です。現在の課題は、着払い料金の負担が大きいのが悩みのタネ。田舎のパン屋の取り組みだけでは、海外輸送費を含め、配送費負担が大変です！


2009年、ヤマトグループの協力によって個人向けリユースシステムがスタートした。当時の物流の仕組みは次の通りだ。
①初回注文分を（1箱15缶入り）宅急便で届け、代金を受け取る。

②アキモトが顧客リストを管理し、２年後にクロネコメール便（現：クロネコＤＭ便。カタログやパンフレット、チラシを全国へ送ることができる、受領印のいらない投函サービス）で交換時期を知らせる。
③それを受けた購入者が、ファックスなどで再注文。
④新しい商品を届け、セールスドライバーが古い箱に着払い伝票をセットして引き取る。下取り額（１缶１００円・当時）を引いた代金を受け取る。
⑤帰り便は那須のアキモトに運び、数がまとまったら大阪のハンガーゼロへ送る。
⑥帰り便の送料はアキモトが着払いで支払う。

当時は、引き取りのときにセールスドライバーが着払い伝票をセットするなど前例がなかったし、そもそも届け先で、荷物を引き取ることも少なかった。あったとしても家電製品の修理の引き取りくらいだったという話を聞くと、ヤマトグループ全体の理解があってこのプロジェクトが進んだことがよくわかる。

配送は、各家庭から荷物を引き取ってバラバラに大阪に送るのではなく、いったん発送元の那須に戻す。那須に戻った荷物は運搬用の大きなボックスにためておき、いっぱいになったら一気に大阪へ運ぶ。このときＪＩＴＢＯＸチャーター便というサービスを利用することで、まとめて一度に送ることができる。アキモトにとってはコストが下がるし、ヤマトグループにとっても通常の輸送サービスとして提供しているものなので、マイナスになることはない。

「秋元さんの情熱が形となったスキームです。それに、今後こうした事業に参加する企業がもっと増えていくといいよね、という思いもありました。たとえば文具なども、こうしたシステムがあることで海外の困っている子どもたちに届くかもしれないでしょう。

ヤマトグループが持つさまざまな輸送モードとサービスを組み合わせて、ようやく仕組みを完成させました」

物流サービス業界のトップを走る大企業を動かしたのは、小さな国際貢献への共感と、秋元さんの情熱だった。どんな大きな組織であっても、結局は人と人との思いのやり取りが、状況を動かしていくのだ。

「私も秋元さんの情熱に賛同した一人です。『秋元さんのためなら、なんとかしよう』と思いましたからね」

「救缶鳥プロジェクト」の物流システム

（当時）

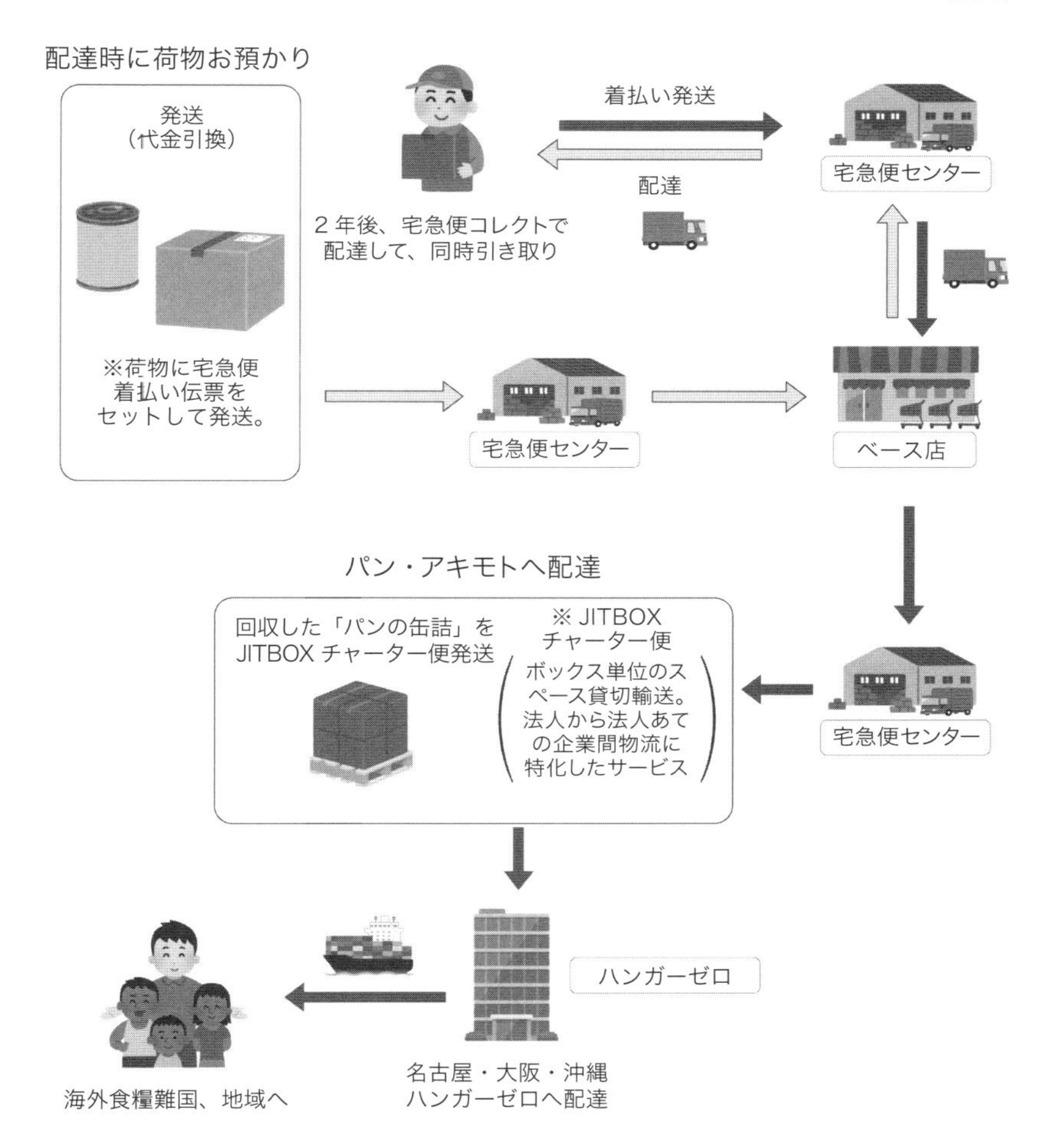

森川さんの言葉を聞いて、ああやはり、と思う。

共感によって熱が伝わると、また新たな熱が生まれ、波紋のように輪が広がっていく。そこにビジネスという冷静な視点が加わることで、このシステムが完成したのだ。

自治体や企業など大口顧客のリユースシステム、個人顧客のリユースシステム。両方が揃って「救缶鳥プロジェクト」が発進した。

＊「救缶鳥」というネーミング

非常食を備えることで、世界へとパンを届けるこのプロジェクト。

秋元さんはシステムを整えていく段階から、通常のパンの缶詰とは一線を画した商品にしたいと考えていた。

すでにアキモトのパンの缶詰は、「ＰＡＮＣＡＮ」という名前で広く知られるようになっている。安心、安全、長期保存ができるパンということに変わりはないが、ＰＡＮＣＡＮとは別の名前で、その先に国際貢献が見える売り出し方をしたい。

その少し前に、東京で企業戦略コンサルタントとして活躍する中島セイジさんとの出会いがあった。

彼は、企業マーケティングやプランニングを得意とする会社「クオーターバック」の社長でもある。秋元さんと中島さんは中小企業の社長が集まる会で出会い、会社の経営についてさまざまな相談をし合う関係だった。

システムの全体像が見えてきた段階で、秋元さんは中島さんに話を持ちかけた。

「このプロジェクトは一般の人にも広く知らせたいと思っている。ネーミングも含めてわかりやすく伝えることはできないかなあ」

中島さんは、喜んでこの役目を引き受けた。それ以前から、アキモトの商品デザインには少しずつ関わるようになっていた。

「秋元さんは、意外と泥臭いところがあるんです。PANCANもそうですが、中身にはすばらしくこだわっているのに、デザインや見せ方にはあまり気を使っていません。はっきり言えばダサかった。

もっと商品が若い人たちにも受け入れられるよう、垢抜けたイメージにしていこうよとアドバイスしていたところでしたから」

飢餓地域へ届けるプロジェクトについて話を聞いたとき、中島さんには最初からはっきりとしたイメージが浮かんでいた。

「PANCANのデザインはカラフルでポップなものにしましたが、このプロジェクトは写真中心でいきたかった。1枚の写真が浮かんだんです」

それは、ある広告企画で活用したことがある写真家吉田繁(よしだしげる)さんの写真だった。

巨大なバオバブの木の下で、アフリカの男の子がダチョウの卵を持って立っている。ダチョウの卵はどうやらフェイクのようだが、子どもの笑顔はいきいきとして生命力にあふれ、とても惹かれる写真だった。

「この1枚で秋元さんのやりたいことが伝わるし、世界へと思いを馳せることもできる。プロジェクトにぴったりだと思ったんですよ」

吉田繁さんは世界中の巨木を撮影する写真家で、特にバオバブの樹の写真が有名だ。本人に連絡を取って「海外の子どもたちのために応援してください」と協力をお願いし、特別料金で写真を提供してもらった。

中島さんはこの写真を中心に置いて、プロジェクトのイメージを作っていくことにした。

「救缶鳥」の名前は、中島さんが社内の若いメンバーと共に考えたものだ。

私は最初この名前を見たとき、なんともベタなネーミングだなという印象だったが、よく見るとわずか3文字の中にすべてのことが表現されている。

救――たくさんの人を救うものであること。

缶――缶詰であること。

鳥――鳥のようにはばたいてさまざまな土地に届くこと。

プロジェクトの内容が、3文字だけではっきりわかるのが面白い。それにパッケージに刷り込まれた漢字は、日本からの贈りものだとわかりやすい。

「『救缶鳥』の名前は、チーム全員一致の一択でしたね」

中島さんが言うと、秋元さんもそれに応える。

「われわれ田舎のパン屋では、こういう名前は思いつきません。パッと聞いて内容がわかるネーミングだったので、すぐにOKを出して進めてもらいました」

中島さんのチームは、アフリカの写真をメインビジュアルに、救缶鳥の文字を入れたパッケージや、パンフレットを制作していった。

ちなみに救缶鳥のパッケージには、鳥のイラストも描かれている。缶の入った袋を首から下げ、翼を広げて飛んでいく緑色の鳥。

パッと見ると、それはまるで赤ちゃんを運んでいくコウノトリだ。

秋元さんの「子ども」であるパンの缶詰が、世界中にやさしさと幸せを届けに行くイメージが重なっていく。

＊ビジネスと社会貢献

「缶詰って、缶がゴミになりますよね。海外でゴミになっていませんか？」

あるとき、秋元さんはこんな批判を受けたことがある。

普通ならこんなクレームは背中がヒヤリとするものだが、「批判や意見は受けて立たなくては」と秋元さんは思うそうだ。

ゴミになるというなら、ゴミにならないようにすればいい。パンを食べ終えたら、使える物にすればいいのだとひらめいた。

缶の切り口でケガをすることがないよう工夫して安全なものを作り、コップや食器としても使えるようにした。これなら口をつけても大丈夫。災害ですべてがなくなったときにも便利に使えるはずだ。

何度も使っていよいよ捨てるときがきたら、10缶単位で集めて廃品回収業者に持って行くと、わずかだがお金に換えられることも提案した。

「批判をされると、悔しい思いが生まれるんです。でも批判というのは、まだ改善できる余地があるということ」

パン作りから缶のリサイクルまで、入口から出口までトータルで考えること。作ったら作りっ放しにしないことや、最後まで見届けることは、物作りに関わる人すべてに必要な考え方だと思う。

救缶鳥プロジェクトがスタートしたのは２００９年。今ではアキモトが販売するパンの缶詰の30％が救缶鳥になっている。

当初と比べ、物流のシステムも少しずつ変化してきた。

現在は、初回注文の配送をヤマト運輸が、再注文の配送と引き取りを日本郵便が行っている。最初に物流システムを構築したヤマトフィナンシャルの森川さんは言う。

「ビジネスというのは常にコストを意識しなければならないので、様々な企業や人が関わるのはいいことだと思います。一番大事なのは、国際貢献のプロジェクトを継続していくことですから」

ビジネスをしながら社会貢献をしていくこと、ビジネスの中で社会問題を解決していくこと。これらは近年「ソーシャルビジネス」と呼ばれ、言葉そのものもずいぶん定着してきたように思う。

かつては、被災地などでの支援活動とビジネスは相容れないものと考えられていた。報酬のない善意のボランティアだけが、支援だと思われていた時代もある。

被災地でボランティア活動をしていた人がちょっと商売っ気を出すと、「被災地を食いものにするのか」「商売をするなら話が違う」などと言われ、追い出されてしまう。利益を生むビジネスは悪者のように言われていた。

だが、阪神・淡路大震災や東日本大震災など、日本中が大きな災害をいくつも経験し、その考え方では支援が続かないことを、多くの人が理解するようになった。

秋元さんは言う。

「ずいぶん前から『われわれは善意でやっているわけではない、ビジネスをしているのだ』と言い続けてきました。ソーシャルビジネスという言葉を知って、そのことが腑に落ちたんです。

パンの缶詰で少し社会にお返しできるようになり、ヤマトをはじめ、いろいろな方の協力で、救缶鳥というモデルができた。社会のためのビジネスができる会社になってきたんだなと感慨深いものがあります」

ヤマトの森川さんが「大事なのはプロジェクトを継続すること」と言っていたよう

に、秋元さんも継続を第一に考えている。

「私たちは堂々と儲けなければなりません。儲けがなければ、継続はできないからです。会社を存続させるために新しい機械を買い、新しいノウハウも導入する。本業をしっかりやりながら、社会に少し恩返しをしていくことが大切だと思います」

救缶鳥プロジェクトは、アキモトにとっても運送会社にとっても大きな利益を生む事業ではないかもしれない。

でも、世界中に元気や笑顔を広めたいという夢のもとで、さまざまな人が仕事をしていくことは、少しでも社会に目を向け、自分たちの住む社会をよくすることにつながっていくのだと思う。

第4章

被災地や海外へ

——ピンチを乗り越える

＊救缶鳥は回収して大阪に集合

新大阪駅から地下鉄を乗り継いで20分。官庁や放送局などが集中する大阪市の中心部に、アキモトの関西営業所はある。

少々年季を感じるビルの2階で迎えてくださったのは、営業担当の東秀明（あずまひであき）さんだ。人手が必要なときはパートの人がやってくるが、基本は彼一人でこの営業所を守っている。

若き日はプロゴルファーを目指していたという異色の経歴の持ち主で、きびきびとした動きがスポーツマンらしい。ゴルフの世界で成功する夢は叶わなかったが、その後は繊維業界に就職して営業職に就き、仕事の楽しさに目覚めたそうだ。

今年の春、さらなるステップアップを目指してアキモトに転職したばかりだった。

――なぜ、アキモトに？

「40歳目前になり、自分が本当に何をしたいか考えたとき、人の役に立つ仕事がしたいと思ったんです。ここは、ビジネスと社会貢献が両立できる会社。そこで営業をするのは非常にやりがいがあると思ったので」

――普段はどんなお仕事をしているのですか？

「月曜から木曜の間は、ほとんど外回りなのでここにはいません。一人でも多くのお客様にパンの缶詰を知っていただきたいと、関西地区を歩いています。

最近はパンの缶詰にも競合他社が増えていますが、他社と比べて驚くのは、味が全然違うこと。アキモトのパンは本当においしいんです。

ただ、ネットショップで買う人も多い商品なので、味ではなく値段で選ばれてしまうのがつらいところ。うちは値段が高いのですが、味には絶対的な自信があるし、備蓄することで社会貢献できるという付加価値もあります。賛同してくださる方、アキモトがいいと言ってくださる方を増やしていくことが、自分の役目ですね」

入社して半年。楽しさも悩みも率直に語る様子がすがすがしい。

普段は外回りをしている東さんだが、金曜日は週に一度の内勤日。翌週のアポイントを取ったり、スケジュール調整をしたりする日になっている。

金曜日には、ほかにも大切な仕事がある。全国から回収された救缶鳥が、このビルの６階倉庫に届くのだ。

ハンガーゼロの本拠地が大阪にあり、荷物が大阪港から船便で出ていくため、アキモトではこの営業所に缶詰を集めている。

東さんに案内されて、6階に上がった。

「先日、倉庫に入りきらなくなったので、1万6500缶を大型トラックで送り出したところ。今ごろスワジランド(2018年エスワティニに国名変更)行きの船に乗っているはずです」

大量に発送したばかりだというのに、倉庫にはもうたくさんの箱が積み上がっている。ざっと300箱(4500食)ほどあるだろうか。

そのまま港に運んで海外に発送するだけなら簡単だが、ここでいったん箱を開き、1缶ずつ指で叩いて検品をする。

「トントン」といい音がすれば、問題なし。

「ポスッ」と気の抜けた音がすれば、撥ねる。

後者は錆びたり、物流のはずみに缶が歪んで傷がついたりして、空気が入った可能性があるからだ。空気が入ると缶詰の中身は酸化し、カビたり傷んだりしてしまう。

回収した缶詰の検品は、海外に送る前の重要な作業だ。

しかし、なにしろ缶詰の数が膨大で東さん一人では対応できず、作業はパートタイムのスタッフに頼んでいる。

この確認作業が終わると、ハンガーゼロと連絡を取り合い、準備が整ったらトラックに載せて港に運ぶ。

大阪港に運んでアジアや中南米行きの船に載せることもあれば、新潟まで運んで製紙会社の船でアフリカに行くこともある。日本で災害が起きたときには、国内の被災地にも運ばれて行く。

黙っていても次々に回収された缶が運び込まれるし、賞味期限が残り少ないので、ここにゆっくり置いておくわけにはいかない。

倉庫でたくさんの箱を見ながら思ったのは、売ったら売りっぱなしのほうが、ビジネスとしてどれほど楽かということ。しかしそんなことは承知の上で、アキモトは手間のかかるほう、面倒なほうに進んでいる。その先で、喜ぶ人たちの存在が見えているからだ。

この日の大阪は雨が降っていた。雨足が弱まったのでそろそろ帰ろうとすると、東さんが立ち話を始める。

「海外の飢餓地域に送るのはすばらしいことですが、遠すぎてピンとこない、心に響かないと言う方もいます。一方で、日本にも貧困で困っている子どもたちがいますよね。子ども食堂などの広がりを見ていると、地元にも貢献することができるんじゃないかと思う。もっと、救缶鳥のいろいろな在り方を探っていってもいいですね」

回収されてくる大量の缶詰を、東さんは毎日見ている。その行き先に思いを馳せるうちに、新しい出口を見つけたようだった。

海外であろうと国内であろうと、必要としている人たちに届けたい。パンを食べて笑顔になってもらいたいという気持ちに変わりはない。救缶鳥の行き先は時代に合わせて変化していいと思うし、変化していくものだと思う。

「あとは、ひたすら広めていくだけです」

日に焼けたスポーツマンは、さわやかな表情で笑った。

＊自分の手で届けに行く

現在まで、救缶鳥プロジェクトなどを通してパンの缶詰を届けた国は、イラン、イラク、インドネシア、スリランカ、フィリピン、ジンバブエ、バングラデシュ、台湾、ハイチ、タイ、コートジボワール、タンザニア、ケニア、スワジランド（エスワティニ）、ネパール、バヌアツの計16か国。送った缶詰の総数は27万缶以上になる。

そのほとんどが、ハンガーゼロとの協力で届けられてきた。秋元さんは、ハンガーゼロについて「救缶鳥を進めていく上で、一心同体のような関係」と語る。

第3章で紹介した通り、もともとハンガーゼロとは収益の一部（1缶1円）を寄付する関係だった。

パンの缶詰ができたときから、秋元さんは困っている人たちに送りたいという思いがあった。まともに海外に送ると輸出になるので関税がかかる。お金儲けのためではないし、小さな会社としては負担が大きいので自分たちだけでは踏み切れなかった。

それが、ハンガーゼロと協力し合うことで事情が変わった。

ハンガーゼロは、世界各国にパートナーがいる。そこで救缶鳥の話を各国に投げかけ、「ぜひ、ほしい」と手を挙げたところに持って行くことにした。日本での書類申請は必要だが、向こうに届けばハンガーゼロのパートナーが荷物を引き受け、さまざまな手配に動いてくれる。おかげでスムーズに海外に持って行くことができるようになった。

秋元さんは言う。

「世界では1分間に17人の子どもが飢餓で死んでいます。食べものを必要としている場所はたくさんあるので、いつ、どこに、どれだけ送ってもいいと思うんですよ。でも、ちゃんと送るためには、責任を持って受け取れる人がいないといけない。そういう意味で、ハンガーゼロの協力はありがたいです」

これまで秋元さんは、ただ缶詰を送るだけではなく10か国ほど訪問し、現地の人に直接手渡ししてきた。

それぞれの国で訪れるのは、小学校や母子健康センターなど子どもたちのいるところだ。

「ハンガーゼロと相談し、意識的に子どもたちに手渡すようにしてきました。なぜなら、町で配ると暴動が起きる可能性もあるからです。

学校なら人数もわかるし、人の出入りを制限できる。子どもたちに『順番に並んでね』と言いながら手渡せます。トラブルを起こさないためでもあるのですが、たくさんの子どもたちに会えるのは、うれしいことですね」

学校を訪問すると、たいてい秋元さんは子どもたちの前で話をする。

「私は日本からこの缶詰を持ってきました。中には何が入っていると思う？」

どこの国でも子どもたちは、大きな缶詰に興味津々だ。

「なんだろう？」

最初ははにかんだ表情でじっと見ているが、秋元さんが缶を開け、ちぎってひと口ずつ味見してもらうと、笑顔がパッと広がっていく。

「それはもう、満面の笑顔ですよ。この活動をしてきてよかったなあと思う瞬間です」

一方で、一人1缶ずつ渡し「食べていいよ」と言っても、すぐには食べない子どもたちがいる。

「フィリピンでもハイチでもケニアでも、同じような子どもたちがいました。なぜ食べないかというと、家で待っている兄弟がいるから。おなかぺこぺこなんだから食べちゃえばいいのに、彼らは大切に家まで持ち帰るんです」

兄弟のこと、家族のこと、友だちのこと。

子どもたちは自分のことより、周りの人のためにと考えている。その思いやりの心を、今度は日本の子どもたちにも伝えられたらと秋元さんは思っている。

＊パンがつなぐ未来

ケニアでは、ソマリア国境近くの難民キャンプまで足を運んだ。

目的地が目の前に近づいたとき、秋元さんたちのグループは警告を受けた。

「ここは国連が管理している場所だが責任は持てない。何があっても自分で責任を取ると、書類にサインをしなさい」

大丈夫だろうかと不安になったが、缶詰を持ってここまで来たのだから、先に進むしかない。

「どんな暴動が起きるかわからないし、テロ集団が入っているかもしれないと言われました。サインをするというのは自分の命に覚悟を決めるということ。緊張でふるえましたね」

行ってみると、そこにある母子健康センターで思いがけない出来事があった。

「栄養状態が悪くてガリガリにやせ細ってしまった少女が、立ち上がる力もなく母親に黙って抱かれていました。その子は医師が出した栄養食品は食べられなかったのに、私が持って行ったパンをひと口食べてくれたんです。あれは本当にうれしかったなあ」

食べものの文化は、地域によって大きく違う。

缶詰は保存食品だから、飢餓地域ならどんなものでも喜ばれるかといえばそうではない。日本で人気のあるサバの水煮やさんまの蒲焼などの缶詰は、アフリカに持って行ったとしても、おそらく受け入れてもらえないだろう。

実際、東日本大震災のときには、フィリピンから「カップ麺をコンテナ3つ送りたい」という打診があった。ありがたいことだが、その話を聞いた支援団体は日本人の食べ慣れた味とは違うため、丁重に断ったという。いつもの食べ慣れた味は、それほど人間にとって大切なものなのだ。

だが、アキモトのパンの缶詰は、どの国に持って行っても違和感なく受け入れられている。理由は、パンだから。

「この活動を始めてわかったのですが、パンは世界に通用するんです。

うちのパンの缶詰は、ケーキのようにふわふわして甘いので、『おいしすぎる』と批判されることもある。でも、あえて甘くてケーキみたいなパンを作っています。

私の子ども時代、まだ日本が貧乏だったころ、ケーキなんてクリスマスくらいしか食べられませんでした。だから、子どもたちはクリスマスを心待ちにしていた。そのときのイメージで缶詰を作っているんです。

食べるものがなくておなかがすいている人にも、今、命の灯が消えかかっている人にも、『あぁ甘くておいしかったな』と、その瞬間だけでも味わってもらえたら、作った甲斐があるというものです」

たしかにアキモトのパンの缶詰は、甘くてふわふわ。

救缶鳥はオレンジ味、ストロベリー味、ブルーベリー味の３種類。ＰＡＮＣＡＮはそれに加えて、ビターキャラメル味、チョコクリーム味、はちみつレモン味などがあり、どれも甘い。

実は私は、一つくらいシンプルな食事パンがあってもいいのに、と思っていた。しかし、秋元さんの話を聞いて、なるほどと腑に落ちる。

災害に遭って心身共に傷つき、クタクタになっている人にとっても、甘いパンの癒やし効果は大きいのではないだろうか。

「フィリピンに行ったときには、子どもたちが『イエスタデイズドリーム』という歌を歌ってくれたんですよ」

と言う秋元さん。日本で言えば「上を向いて歩こう」のような、フィリピンの国民的ソングだという。

準備して歌ってくれたのではなく、一人の子どもの予定外の歌が発端で、自然に広まってみんなの歌声になった。

最初に歌ったのは、目が見えない女の子だった。彼女は秋元さんに向かって言った。

「私は目が見えません。でも、日本からたくさんのパンを送ってもらったことはわかります。しかも、私たちと同じ子どもたちがメッセージを書いて送ってくれた。こんなにうれしいことはありません」

そして「この歌を、聞いてください」と言って歌い始めた。秋元さんは今もそのことを思い出すと、胸が熱くなる。

「彼女の歌からは、みんなの応援があるから夢を実現できるんだ、という感謝の気持ちが伝わってきました。私、感激して泣いてしまったんですよ。

日本とフィリピンがつながって、感謝の気持ちを表現してくれている。子どもたちの声が次々に重なったら、ワーッとこみあげてきて。現地に行かなければわからない、すばらしい経験でした」

ケニアのように、生命の保障がない地域に行くこともある。ハイチでは自分たちの食べものが手に入らず、持って行ったパンの缶詰でしのいだこともある。

それでも秋元さんは、一人でも多くの子どもたちに笑顔になってほしいと、救缶鳥を持って海外訪問を続けている。

＊東日本大震災後のトラブル

救缶鳥プロジェクトを支えるハンガーゼロの清家さんも、秋元さんと同じことを語っていた。

「海外に届けるたびに、子どもたちの笑顔に出会います。パンの缶詰を食べると、みんなが笑顔になる。それは世界中どこに行っても同じなんです。

海外に物資を送るときは、書類が滞るとか配送が止まってしまうとか、そりゃあいろいろありますよ。でも、子どもたちがうれしそうに食べている笑顔を見たら、そんな小さなことは吹き飛びますね」

海外とのやり取りに小さなトラブルはつきもの。だが、今までに起きた最も大きなトラブルは、東日本大震災のあとだった。

各国との交渉をしてきた清家さんは言う。

「日本で生産された食品には放射能汚染の疑いがあるということで、全品検査されることになったんです。特に厳しかったのは、西アフリカ。ヨーロッパが近いので、すべてヨーロッパに持ち込まれ、アトランダムに検査が行われました」

一度も放射能が検出されたことはないが、検査は震災後の２～３年続いた。ヨーロッパまで荷物を持って行かれてしまうと、検査の時間はあっという間に過ぎる。賞味期限まで1年を切っているのに、これ以上の時間が経つのはかなわないと西アフリカに送ることは断念。東アフリカ側から物資を送り込むことにした。

ハイチなど中南米に送るときにも、アメリカの放射能検査が入った。船便で運ぶと検査が入るが、スタッフの手荷物であれば検査をする必要はないので、手で運べる分はとにかく手で運んだ。

災害が起きて被災地へと急ぐときにも、まずは手荷物でできるだけ持って行くのが基本だ。現地にカウンターパートがいるところでは、すぐに支援活動が始まるので、手で支援物資を直接運び、スピーディーに動く。

東日本大震災後のトラブルでは、そうした今までの経験も生かされた。清家さんは語る。

「手で持って行ける数は知れていますが、たとえ少しであっても向こうの人は喜んでくれます。自分たちの着替えは手持ちのバッグに小さくまとめ、あとはできる限り缶詰を運びました」

今はもう放射能検査が行われることはなくなったが、東日本大震災後の活動にはこのような大変さもあった。

＊会社の危機！　ここで終わらせない

実は東日本大震災の前後には、アキモト自体が大きな危機に見舞われていた。

先代の健二さんが体調を崩した30年以上前から、アキモトの経理を任されてきた常務の志津子さんは言う。

「父から受け継いで以来、業者への支払いや社員への給料を出すことが大変な時期は何度もありました。自分たちの貯金や保険を切り崩しても間に合わなくて、業者にも社員にも、待ってもらうことがたびたびあったんです。それでもなんとかしてきましたけれど」

特に経営が大変になったのは、パンの缶詰が完成したあとだった。それ以前は社員も今よりずっと少なかったし、パートタイムの人も多かった。

町のパン屋の機能にプラスして缶詰を生産するには、設備投資も人員も必要だ。缶詰が注目されて売り上げが伸びるときはよかったが、ガクンと落ち込むときもある。毎日食べるパンと違って、パンの缶詰の売れ行きには波があった。

数々の荒波をくぐり抜けてきた秋元さんと志津子さんが、「あのときは、会社の存続さえ危ぶまれた」と口を揃えるのが、東日本大震災のあった月だ。

危機の発端は、パンの缶詰のふたに出たサビ。2010年の年末のことである。ある日、「ふたを開けたらサビが出ていた」というクレームが寄せられた。アキモトでは過去にも数回、異物混入や缶の内側の溶接部分のサビなどクレームが発生した経験がある。毎回、相手に丁寧な説明をすることで解決してきた。しかし、そのときはちょっと事情が違った。

サビが見つかったのは愛知県にある大学病院で、大学の事務長がそれを問題視し、いきなりメディアに連絡。保健所など行政への通報も行ったのだ。

アキモトであわてて原因を調べると、ふたの内面塗料の塗布不足だった。ふたは製造メーカーから仕入れたものなので、アキモトに直接の原因があるわけではない。だが、商品として最終的に送り出すアキモトには、すべての責任があった。

最も心配なのはそのサビは危険なのか、人の健康に問題が起きるかどうかだった。もしも口に入って問題が起きてしまったら、大変なことになる。

専門機関に分析調査に出し、毒性を調べてもらうと「鉄のサビを大量に食べると被害が出るが、さわったくらいでは問題はない」という結果だった。缶詰のパンは薄紙に包まれている。普通に考えればサビが紙の中まで入ることはないだろう。保健所にも「健康被害は起きないだろう」と言ってもらって、とりあえず胸をなで下ろした。

ひと安心していたものの、メディアに発表されたためそれまで取り引きをしていた業者の多くが「回収」を叫び始めた。秋元さんは言う。

「ふたメーカーの調べでは、同時期に作ったおよそ10万缶がリスキーだとわかりました。取り換えなければいけないと腹をくくりましたが、クレーム対処費用は６０００万円を超えるとわかって、頭の中が真っ白！」

秋元さんは新聞記者としても働いてきて、たびたびメディアに助けられてきたが、悪いことを知らせるのもメディアだ。よくも悪くも影響は大きく、経済的にも信用面でもガタ落ちだった。

「どれだけこの損害が痛手になるかと思うと、愛知の大学の事務長にも怒りがわいて仕方ありませんでした。会社がもうダメになるかもしれないと……」

しかし、このまま何も手を打たなければ、会社ごと沈む。秋元さんは細い糸を手繰（たぐ）り寄せるような思いで、できることを探した。

「従業員は粛々（しゅくしゅく）と、クレーム対応と回収処理を続けてくれました。私も、パンの缶詰を商品として終わらせてしまってはいけないと必死でした」

＊保険会社とのぎりぎりの交渉

まず、ふたメーカーがＰＬ保険に加入していたので、保険会社に交渉に行った。ＰＬ保険とは、生産物賠償責任保険。第三者に引き渡した物や業務が原因で起きた損害を、カバーする保険だ。

ところが保険会社にかけ合うと、適用が難しいと言う。

「通常保険が下りるのは食中毒やケガがあった場合だけ。サビが出たくらいでは、一切補償できない決まりなのです」

困った。でも、そのまま引き下がるわけにはいかない。人体に被害は出ていないとしても、小さなパン屋にとってこれは莫大(ばくだい)な損害だ。秋元さんは何度も保険会社に通って交渉を続けた。

「このまま会社をダメにしたら、せっかく作りあげたパンの缶詰の技術までつぶすことになる。そういうわけにはいかないんです！」

あまりに秋元さんがしつこく通うので、保険会社も根負けしたのかもしれない。一つの策が示された。

「保険会社としては、『OK』とは言えないんです。でも、うちの顧問弁護士がいいと判断すれば、補償してもいいでしょう」

そこで、秋元さんは弁護士事務所に足を運んだ。ここでもまた、保険会社のときと同じことを訴える。

「このまま会社をダメにしたら、せっかく作りあげたパンの缶詰の技術までつぶすことになる。そういうわけにはいかないんです」

弁護士は簡単には首を縦にふってくれなかったが、秋元さんの話を聞いて、保険が下りる可能性がなくはないと暗に諭(さと)すように言った。

「以前、製薬メーカーが作った新しい薬に、予定していなかった材料が混入し、全国に流通してしまったことがありました。そのときには保険金が下りたんですよ」

そして、そのときのやり方を教えてくれた。

「どこで、いくつ、誰に売ったのか。それに対し、どういう補償をするのか。すべて書類で提出してもらって保険の支払いをしました。それができますか？」

秋元さんは、即座に答えた。

「できます！」

正直言ってどこまでできるか不安だったが、書類を完璧に作ることしか道は残されていない。秋元さんは会社に戻って、改めてデータを掘り起こした。

生産ロットをさかのぼり、流通経路をたどり、どのルートに流れていったか調べていく。購入した個人まではわからなくとも、どこのデパートやホームセンターで販売されたのか、大口の卸し先はどこなのかは把握できていた。

補償のための方法も明確にした。新聞には、謝罪と回収の告知記事を掲載し、「お金で補償する場合」と「商品で補償する場合」の金額の見積もりを出す。

保険会社の弁護士事務所に通い続けて２週間、損害金額を保険金で補てんしてもらえることが決まった。それは、通常ではほとんどあり得ない計らいだったという。

＊倒産も意識した

胸をなでおろしたのもつかの間、東日本大震災が起きる。

サビ問題の解決は、保険会社のおかげでどうにかゴールが見えていたが、社内はまだその痛手から復活しておらず、経営もぐらついていた時期だった。

２０１１年3月11日は、秋元さんにとっても忘れられない日だ。

「那須塩原は震度６弱。私も会社にいたのですが、本社の古い建物は大きく揺れ、デスクやパソコン、資料の置かれた棚が倒れて壁にヒビも入りました。停電もあったしガスも止まって営業できない日が続き、もう目の前は真っ暗！

資金繰り悪化と信用不安で、会社は倒産するのではないかと、常務である家内とあきらめかけたんです」

それでもアキモトでは、被害がひどい東北地域へパンの缶詰を送り出した。

「阪神・淡路大震災の被災者の声から生まれた商品です。そのときに会社にあった約

１万５０００缶のパンの缶詰を、『最後の奉仕』と思って無償で各地に提供しました」

自分たちも被災しているのに、しかも会社はサビ問題もあって火の車なのに、秋元さんは缶詰を知人のトラックに載せ、震災２日後には福島県や宮城県などに運んでいった。

そして、震災後１か月ほどは社員と一緒に東北の被災地に通ってパンの缶詰を配り、簡易的なフライヤーでドーナツを揚げたりした。秋元さんは会社が倒産することを意識しながら、東北に通っていたのだ。

当時の社内の大変さを、志津子さんはよく覚えている。

「いくら会社の経営が厳しい状態でも、社長は『困っている人がいるのなら』と収益も顧みず被災地に行ってしまうんです。支援は大事なことなので任せていましたが、あのときは経済的に本当に苦しかった。もう、この月を越せないかと思いました。

従業員にも業者さんにも、なんて言ったらいいかわからない。地震が起きたから会社がダメになったとは言えないじゃないですか」

当時のアキモトは、取引金融機関に「破たん懸念先」というレッテルを貼られ、厳しい管理のもとでの経営を迫られていた。

しかし、驚くようなことが起きる。

たまたま震災前から『ガイアの夜明け』（テレビ東京）の密着取材を受けており、震災直後の秋元さんたちの行動をカメラがとらえていた。震災から1か月後、それが全国ネットで放映されたのだ。

番組で紹介されたのは混乱状態が続く被災地で、パンの缶詰を配る秋元さんや社員たちの姿だった。缶詰を受け取った年配の女性が、パンをちぎって口に運ぶ。

「おいしい……。涙が出てくる」

震災以降、どれほど気持ちを張って生活してきたのか。被災者の思いが透けて見えるようなシーンだった。

この番組では、志津子さんが深夜の事務所でポツンと残業をしながら、「今月の支払いも厳しい」とため息をつくシーンもあった。潰れそうな会社が、自らを省みず必死にもがいている姿が、そのまま映し出されていた。

放映の翌日から、アキモトの電話がガンガン鳴り始める。

番組を見た人からのパンの缶詰の注文だった。それればかりでなく「アキモトに使ってほしい」「自分のかわりに東北に届けてください」と国内ばかりではなく、海外からも合わせると、合計2000万円もの寄付金が集まってきたのだ。

資金繰りに頭を抱えていた志津子さんは言う。

「寄付金が集まったことで、なんとか支払いができたんです。東北のためにという思いもこめられた寄付金だったので、支援のパンの缶詰の材料費などの支払いに使わせてもらい、なんとか会社を立て直すことができました」

テレビ放映以後、パンの缶詰の受注は激増し、それに伴って店舗での普通のパンの売り上げも増えていった。

「ありがたかったですねえ。あのときにテレビ放映があったのは奇跡としか言いようがありません」

秋元さんはそう言って笑う。

＊秋元、天狗になるなよ

当時テレビ取材が入っていたのは本当に偶然で、会社としても思いがけないことだった。だが、たとえテレビ取材が入ってなかったとしても、秋元さんは当たり前に被災地へと足を運んでいただろう。

使命を感じ本気で動いている人のもとには、天から最善の答えが用意されるのかもしれない。いつの間にか救いの手が差し伸べられたのは、不思議だけれど自然なりゆきだと思わずにはいられない。

だが、秋元さんの動きを逐一見てきた志津子さんは、案外手厳しい。

「あのときはなんとか持ち直しましたけど、今までだって人に言えないような失敗をたくさんしているんですよ。

社長は動いているのが好き。動くのをやめたら死んでしまうんじゃないかしら。おかげで面白いこともたくさんありますが、なんとか止めないと危なくなるときがあるんです。

私は重石役です。あまり飛んでいきすぎないように、そろそろこのへんで留まってほしいなと思ってはいるんですけどね（笑）」

自分たちが支援されたことで、アキモトではますます被災地への支援活動に力が入った。集まった寄付金をもとに、パンの缶詰をはじめ物資を用意して被災地に届ける活動が、7年経った今も形を変えて続いている。

震災の1年後には資金繰りが改善し、破たん懸念先とレッテルを貼っていた取引金融機関も、手のひらを返したように対応が変わった。アキモトでは本社の隣接地を購入。太陽光発電の設置（約１７０kw）、関西営業所の開設、大型店舗「きらむぎ」の開店など、よい循環が生まれていった。

ふり返って、改めて秋元さんは思う。

「人の思いがつながって、助けられて今の自分たちがあると思います。

妻も言っていましたが、うちの会社はトラブルや失敗を積み重ねてきたんです。失敗するたびにリベンジをすることで、鍛えられてきました。トラブルは神様の計画かもしれませんね。『秋元、天狗になるなよ』と言われている気がします」

クリスチャンらしい、謙虚な言葉が印象的だ。

台湾
フィリピン
バヌアツ
ハイチ
「救缶鳥プロジェクト」などを通じて
パンの缶詰を送った国（2004～2018年）
イラン、イラク、インドネシア、スリランカ、
フィリピン、ジンバブエ、バングラデシュ、台湾、
ハイチ、タイ、コートジボアール、タンザニア、ケニア、
スワジランド（現エスワティニ）、ネパール、バヌアツ
計16か国
届けられた缶詰の総数は、27万840缶！
パンカン

イラク
イラン
ネパール
バングラデシュ
タイ
スリランカ
インドネシア
ケニア
タンザニア
コートジボワール
ジンバブエ
スワジランド
（エスワティニ）

世界に届けられたパンの缶詰と救缶鳥の数

2004年	1月	イラン（大地震）……100缶
	4月	イラク陸上自衛隊支援……1,200缶
2005年	1月	インドネシア（スマトラ島沖地震）……1,000缶
		スリランカ（スマトラ島沖地震）……1,000缶
	3月	フィリピン（地滑り）……14,000缶
2006年	5月	ジャワ島（ジャワ島中部地震）……1,000缶
2007年	10月	ジンバブエ……救缶鳥50,000缶
	11月	バングラデシュ（大型台風）……3,000缶
2008年	3月	フィリピン・ミンドロ島（台風、洪水）……15,000缶
2009年	8月	台湾（台風、豪雨）……2,400缶
2010年	3月	ハイチ（大地震）……30,000缶
2011年	11月	タイ（洪水）……6,400缶
2012年	12月	ジンバブエ……3,000缶
2013年	1月	フィリピン（台風、豪雨）……7,400缶＋救缶鳥225缶
	3月	コートジボワール……1,920缶＋救缶鳥1,110缶
	9月	タンザニア……2,376缶＋救缶鳥3,450缶
	11.12月	フィリピン（台風、豪雨）……救缶鳥5,385缶
2014年	1月	フィリピン（台風、豪雨）……2,880缶＋救缶鳥3,375缶
	6月	ケニア……4,890缶
	11月	スワジランド……救缶鳥7,200缶
2015年	4月	タンザニア（ザンジバル支援）……1,392缶＋救缶鳥9,750缶
	5月	ネパール（大震災）……3,120缶＋救缶鳥1,050缶
	6月	バヌアツ（台風）……救缶鳥3,300缶
	11月	スワジランド……救缶鳥16,455缶
2016年	12月	スワジランド……救缶鳥5,250缶
		ハイチ……救缶鳥8,010缶
2018年	3月	スワジランド……救缶鳥28,500缶
	9月	スワジランド（現エスワティニ）……2,352缶＋救缶鳥23,350缶

届けられた缶詰の総数は
27万840缶！

（2018年9月末現在）

第5章

人と人をつなぐ

——救缶鳥をめぐる取り組み

本章では、救缶鳥をめぐるさまざまな取り組みを紹介したい。アキモトから飛んでいった救缶鳥の行方を追って、たくさんの方に会って話を聞いた。

＊金城学院中学校・高等学校——「隣り人」のために

最初に紹介するのは、愛知県名古屋市にある私立金城（きんじょう）学院中学校・高等学校。キリスト教に基づく中高一貫教育の女子校で、中学で1000人、高校で1000人が学んでいる。

この学校に救缶鳥を導入したのは、元校長の深谷昌一（ふかやしょういち）さんだ。

「私はクリスチャンなので、教会の牧師先生を通して秋元さんの取り組みを知っていました。そこで聞いた、賞味期限が切れる前の缶詰を世界に送るというお話にとても共感していたんです」

以前、金城学院では緊急サバイバルセットを備蓄していた。非常食や水とブランケットを合わせた合理的なセットで、賞味期限は5年間と長い。

「でも、食べてみたらおいしくないんですよ。自分たちのために用意したものなのでそれでもいいのですが、キリスト教の教育ですし、『共に生きる』や『隣人愛』を大きなテーマとして掲げています。秋元さんの救缶鳥プロジェクトに参加すれば、備蓄しながら隣り人に貢献できる形を兼ねられると思いました」

もともと賞味期限５年のサバイバルセットは、中学入学時に生徒に購入してもらっており、高校の途中で買い直しが必要だった。在学中に必要があれば拠出するし、何もなければ卒業時に持ち帰ってもらっていたという。

アキモトの救缶鳥は、賞味期限が３年（正確には37か月）だ。

本来なら２年経ったときに回収するが、そこはアキモトと話し合ってギリギリまで待つことにし、中学入学時と高校入学時、５月に購入したものを卒業の直前の２月に回収することにした。

残りの賞味期限は短くなるが、ハンガーゼロが前もって送り先を決めて準備し、回収後はすぐに必要な場所に運ぶ。これで賞味期限の残りが３か月でも、回収が可能になった。

救缶鳥プロジェクトに学校として参加することを、深谷さんは保護者にも伝えた。

「救缶鳥は入学時に一人２缶買っていただきます。１缶は自分のため、１缶は他者のため。災害が起きて学校が避難所になった場合の、近隣の人のためです。在学中に何もなければ回収し、困っている人たちのところに寄付します」

「それはいいですね」と、保護者から温かい反応が返ってきて、金城学院の救缶鳥プロジェクトが始まった。

金城学院の救缶鳥は、生徒のイラストラベルを貼ったオリジナル。缶の側面には、メッセージ欄も設けている。回収のときは、生徒たちが簡単な英語や日本語でメッセージを書き、送り出すことにした。

〈自分たちも、相手もハッピーに〉

金城学院には、1学年約320人が在籍している。つまり毎年約650缶、中学・高校を合わせると約1300缶の救缶鳥が回収されている。

ただし缶詰の持ち主は生徒なので、回収するかどうかは自分自身が決める。たいていの生徒は2缶とも拠出するが、1缶は食べたいと言って持ち帰る生徒もいるし、10人くらいのグループでひと口ずつ味見をしたいという生徒もいる。

どうするかは本人の自由だ。そして、回収する缶には自分の手でメッセージを書く。

「デジタル機器が発達している現代ですが、昔のように手書きのメッセージです。こうすることで、今の時代を一緒に生きていることが、先方にも伝わると思うんですよ。豊かな人間性というのは、道徳がどうだとかいう以前にこのような体験で育っていくものだと思っているんです」

金城学院の生徒たちが書いた、救缶鳥のメッセージを見てみよう。

「Happiness is in a can.」
「I wish you a happy day!」
「つらいことも　のりこえて　いつも笑顔で」
「愛知県から元気をお届けします！」

日本の被災地に送るときには日本語で、海外に送るときには英語で。

「英語ができるできないは関係なく、思いがあるかないかが大事です。私が最も印象に残っているのは『Happiness is in a can.』というメッセージですね。非常に簡潔ですが、生徒の思いがこのひとことに詰まっているなと思いました」

実際には、多感で難しい年齢の子どもたちだ。

生徒の中に「自分には関係ない」「やりたくない」と思っている子はいないのかと

聞くと、即座に答えが返ってきた。

「いますいます、もちろん。それでいいんですよ、あるがままでいい。私は思うんですよ。気持ちって無理に持つものじゃない。『今、やりたいと思わないなら、そのままでいいんだよ』と言いました。

でも結果的に、その生徒もにこにこしながらメッセージを書いていたんです。その子は、1缶は自分で食べたいと言って家に持ち帰りました。人と同じことをするのはイヤだという自分の気持ちを、そこで保ったんでしょうね。思春期の子どもは面白い。どこかで納得すれば変わるんです」

学校は集団生活の場なので、みんなで一斉に取り組むことが多い。しかし金城学院では、こうした支援活動を、一人ひとりの気持ちを大切にしながら進めている。「みんながやっているんだから、あなたも参加しなさい」なんて誰も言わない。そういうやり方は、いいなあと思う。

やりたくない生徒がいる一方で、率先してやりたいと思う生徒もいる。

「成績が今ひとつふるわない子でも、こういう支援活動に手を挙げたり、いいアイデアを出したりする場合があります。いろいろな活動の場があると、生徒の多様な面が見られるんです。そのためにも、生徒には勉強だけではなく、たくさんの機会を与えたい。失敗も成功も経験させるのが、大きな学びになりますから」

毎年救缶鳥を回収する時期が近づくと、高等学校では秋元さんに来てもらい、特別礼拝を組んで話を聞いている。

金城学院の生徒がメッセージを書いた缶詰を、秋元さんがフィリピンに直接届けたことがあった。そのときには、フィリピンの子どもたちから、笑顔の写真と返事が届いたそうだ。

「パン、とてもおいしかったよ」

「あなたたちの気持ちが伝わりました。ありがとう」

生徒たちが発信したメッセージがきちんと届き、海外の子どもたちが幸せになっていることが実感できた大きな出来事だった。

「自分たちの笑顔が、みんなの笑顔につながっていく。それを実感したおかげで、生徒たちの救缶鳥の活動は、途切れることなく続いています。社会貢献というのは、無理してやるものじゃありません。自分たちもハッピーになり、相手もハッピーになるもの。救缶鳥って、そういうスタイルだと思います」

生徒たちの写真と異国の子どもたちの写真を、深谷さんは笑顔で見つめていた。

＊上智大学——学内備蓄から家庭の備蓄まで

上智大学は、学内の備蓄食として救缶鳥を導入している。学校法人上智学院総務局ソフィア連携室の柳下眞毅さんと中村史子さんに、話を聞いた。

救缶鳥導入のきっかけは、大学の100周年記念事業だった。創立100周年の年は2013年。その10年前から始まっていたさまざまな記念事業の一環として、救缶鳥プロジェクトも導入された。柳下さんは言う。

「もとはといえば、2010年に放送された秋元さんのテレビ番組を当時の記念事業担当職員が拝見して、感銘を受けたようです。

実際に導入したのは2011年。残念ながら私は当時を知らないのですが、東日本大震災をまたいで、救缶鳥を導入しようという思いが強くなっていたのではないかと」

2011年には、6000缶を初めて購入。大学創立100周年特別ラベルを貼り、学内の備蓄食となった。2年後の2013年に回収した缶詰は、台風の被害を受けたフィリピンへと送られたことがわかっている。

その後も２年ごとに上智ラベルを貼った救缶鳥を購入し、回収した缶詰はアキモトと相談し、上智大学と関わりのある国へ送ってきた。

救缶鳥を購入しているのは、「上智大学後援会」だ。

この後援会は、在校生父母の有志によって成り立っており、救缶鳥もその会費で賄われている。そのため、２年おきの購入とその後の缶詰の行方は、広報紙『上智大学後援会ニュース』やホームページなどで逐一報告されている。

ここからは中村さんの話。

「後援会は在校生の父母全員ではなく、あくまで有志の会です。集められた会費は、救缶鳥だけではなく、大学支援のさまざまなものに使われているんですよ。

たとえば、学内の食堂のテーブルや椅子の購入、グラウンド整備、被災地の学生の奨学金。わかりやすく目に見えるものが、父母のみなさんには喜ばれます。

中でも一番大きく予算を取っているのは、１００円朝食です。朝ごはんを抜いてくる学生が多いので、学内のいくつかの食堂で朝食を１００円で提供しています。しっかり食べて目覚めてから勉強してほしいという、父母目線での支援ですね」

救缶鳥とは一見話がズレていくようだが、100円朝食の話はとても興味深かった。この数年、子ども食堂が全国的に大きな広がりを見せている。安価に栄養のある食事を提供することが子ども食堂の役割なら、上智大学の100円朝食もその一つの形態と言えるかもしれない。大学生が「子ども」に当たるかどうかは微妙なところだが、運営資金が父母の有志によって支えられているならなおのこと、大学生に向けた社会活動と言えるのではないだろうか。

実際、100円朝食は学生たちに好評で、毎朝8時から9時までの1時間で年間1万食の利用があるそうだ。安くてたっぷり食べられる朝ごはんは、誰にとってもうれしい。

振り返ってみると、それと同じ予算組みの中にある救缶鳥にも、親の意識は注がれている。

そのことを感じさせるのが、上智大学後援会の独自の取り組みだ。一般家庭でも、希望すれば上智オリジナルラベルの救缶鳥を購入できる。

父母会の集まりなどで配られるチラシには、次のように記されていた。

◎非常食「救缶鳥」を購入して、被災学生支援と国際貢献を！

上智オリジナル「救缶鳥」を購入すると――
・救缶鳥の代金の一部が、被災学生支援の寄付となります。
・災害対策として、救缶鳥をご家庭で2年間備蓄できます。
・使用しなかった場合は、2年後の国際貢献に参加できます。

通常の救缶鳥プロジェクト内容にプラスして、被災学生支援につながることも、父母たちの共感を呼ぶのだろう。注文数は東日本大震災直後が最も多かったが、現在も毎月のように学生の家族から注文が入るそうだ。ここでもじわじわと救缶鳥は広がってきた。

ただこの数年、学内での救缶鳥備蓄数は少しずつ減っているという。後援会は任意団体なので年によって加入率が変わり、入会者が減れば寄付金も減る。その一方で救缶鳥の値段は少しずつ上がっているため、予算を取ることが厳しくなっているのだ。柳下さんは語る。

「本学の救缶鳥プロジェクトについては、直接学生が関わることがないので父母以外にはあまり知られていません。もう少し広報に力を入れて、試食などもしてもらって学生や教職員に広めていくといいのかもしれません。実際とてもおいしいですからね。

上智大学の建学の精神は、『叡智が世界をつなぐ　Sophia - Bringing the World Together』というもので、学生たちのボランティア活動も盛んです。

救缶鳥は海外につながる意味ある事業なので、今後も大学としてはぜひ継続していきたいと思っています」

＊ディノス・セシール――通信販売と社内備蓄

ディノス・セシールとアキモトのつながりは、ディノスでの通信販売がスタートだ。当時仕入れ担当だった者がいないので、実は経緯などははっきりわからないんです」

食品部の糸山豪（いとやまごう）さんが言う。

「2006年くらいからアキモトさんのパンの缶詰を扱っていますが、当時仕入れ担当だった者がいないので、実は経緯などははっきりわからないんです」

上智大学もそうだが、大きな組織は人事異動などで担当者がいなくなると、少し前の経緯さえたどりにくくなってしまうのが残念。しかし、糸山さんは続ける。

「私の推測ですが、2004年に新潟県中越地震が起きて、パンの缶詰が話題になりましたね。そこで、うちのほうからアキモトさんにアポイントを取って、扱い始めたのではないかと思います。」

それから十数年。アキモトのパンの缶詰は定番の商品となった。ディノス・セシールのホームページや非常食のカタログには、必ず掲載されている。

「私たちは商売をしているので、お客様に支持されないものはカタログに掲載することができません。アキモトさんの商品はお客様の評価が高い。今は非常食といっても味のよさが伴っていないと売れませんが、非常食で味にこだわったものを初めて作ったのが、アキモトさんだと認識しています。

私も試食していますが、ふわふわでおいしいですよね。それがお客様にも浸透し、受け入れられていると思います」

ホームページ（2018年8月現在）を見ると、「アキモトのパンの缶詰3種セット（3種計15缶）」の販売ページに、複数の「口コミ評価」が書かれている。

・いつもお世話になってるパン。（略）非常食だけど食べたくなる。（神奈川県）
・おいしいです。賞味期限3年がよいと思います。（山口県）
・パネトーネ生地なので甘いイメージでしたが、あっさりとした甘みでごはんとして食べられると思いました。ジャムの苦手な家族も（略）問題なく食べることができました。（愛知県）
・3年ごとに買い替えています。そのままでも十分おいしいですが、トースターで焼くと非常食とは思えないくらいおいしくなります。パンの缶詰はいくつか試しましたが、私はアキモトが一番おいしいと思います。（千葉県）

・３年前に買った商品が賞味期限を迎えるため買い替えです。さすがに３年経つと風味は「?」ですが、非常災害時には問題なしでしょう。また、容器も缶に紙ラベルを巻いているだけなので災害時に鍋として利用できるのがすばらしい。（大阪府）

アキモトのパンの缶詰が非常食として愛されていること、リピーターも多いことがよくわかる。

〈ライバル商品が増えている〉

ディノス通信販売での高評価を受け、のちに社内の備蓄食としても導入することになった。

社内備蓄の責任者は、総務部（取材当時）の小林大助（こばやしだいすけ）さん。当時の話をうかがった。

「以前は備蓄品といえば、乾パンが主流でした。われわれも乾パンと水を備蓄していたんです。でも東日本大震災のときに意識が変わり、きちんと揃えなければいけないと見直しが始まりました。

たまたま食品部からアキモトさんの商品を教えてもらい、サンプルでいくつか味わったんです。私は当時、非常食というと乾パンしか知らなかったので、やわらかいパンのおいしさにびっくりしました。これならうちのカタログの商品だし、万が一従業員に配ることになったとしても安心だと、購入を決めました」

当初は救缶鳥ではなく「PANCAN」だったが、次の入れ替え時から救缶鳥を採用。2013年にセシールと合併してディノス・セシールになってからは、コールセンターのスタッフや物流センタースタッフも含め、全社1200〜1300人の備蓄食として救缶鳥を置いている。

「入れ替えのときには秋元さんから『ぜひ、缶にメッセージを書いてください。送った先の子どもに喜ばれるので』と言われるので、昼休みに社員に協力してもらっています。全部ではありませんが、100人くらいは書いてくれたかな」

最近、ディノス・セシールの通信販売で扱う非常食には、他社のパンの缶詰も登場している。アキモトにとっては油断できないライバル商品だ。糸山さんは言う。

「通販で他社の商品を扱う以上、以前のように社内備蓄のすべてを救缶鳥でというわけにはいかなくなっています。

でも救缶鳥は、備蓄しながら国際貢献できる仕組みがすばらしい。そこにわが社は賛同しているんです。社内のＣＳＲ、社会貢献というスタンスとしても、救缶鳥には参加し続けたいと思っています。もちろん、一般のお客様向けのカタログもリピーターが多いので続けていきますよ」

他社としのぎを削るパンの缶詰は、カタログに掲載されたからといって安泰ということはない。新しい商品が出れば注目が集まるし、「あれもおいしいよ」「こっちのほうが安いよ」と、消費者の目はシビアで移ろいやすい。

けれども、救缶鳥が持つ社会的な意味や役割は唯一無二のものだ。備蓄食が社会貢献へとつながっていくことは大きな訴求力を持つのだと、改めて思う。

＊北越コーポレーション――スワジランドへつなぐ道

現在、救缶鳥を海外に運ぶルートは大きく分けて二つある。

大阪港からハンガーゼロが世界各地に運ぶルートと、新潟港から北越コーポレーションがアフリカ南部のスワジランド（現エスワティニ）に運ぶルート。

北越コーポレーションは、日本有数の製紙会社。紙の原料になる木材チップを南アフリカから船便で輸入している。

日本で木材チップを卸すと、アフリカに戻る船にはスペースが空く。その空いたスペースに救缶鳥を載せ、南アフリカの隣国スワジランドの子どもたちにパンを届けているのだ。

北越コーポレーションが救缶鳥に取り組むことになったのは、４年前。

木材チップ担当部長の荒井芳晴さんと信彦さんの出会いが、きっかけだった。

荒井さんは、２０１１年から３年半、南アフリカに駐在していた。

「南アフリカからスワジランドは、国をまたいでユーカリの木々が続く一大林業地帯です。私は南アに住みつつスワジの製材所に通っていたので、毎日国境を越えて行ったり来たりしていました」

現地の人が行う植林や製材、製紙原料のチップにするまでを現場で見ていた荒井さん。パスポートは、あっという間に二つの国のスタンプでいっぱいになった。

毎日国境を横切って走って行く道すがら、荒井さんは気になっていたことがある。

「子どもたちがお昼になると、道路ぎわに座っているんです。『何しているの？』と現地の人に聞くと、『生徒たちはお昼になると家に帰る。でも、家に帰ってもごはんがあるかわからない子たちは、こうして道端で座っているんだよ』と。数人じゃなくて結構な数の子どもたちが、お昼なのに何も食べずただ座っているんですよ」

２０１４年４月、荒井さんは日本へ帰国することになった。久しぶりに東京のオフィスに戻った途端、信彦さんが営業にやってきた。

信彦さんは、荒井さんと出会った日のことを語る。

「うちの代理店に、北越コーポレーションとつながりのある人がいて『じゃあ一緒に救缶鳥の営業に行きましょう』と、訪ねて行きました。ちょうどそこに、スワジランドから帰国したばかりの荒井さんがいらしたんです。

『スワジってこんな国だよ』という熱い話を聞き始めたら、食糧事情がよくないことや、子どもたちがお昼になると道ばたに座っている話が出て、思わず『パンの缶詰を持って行きませんか？』と持ちかけていました」

荒井さんは、話の急展開に目を丸くしていた。信彦さんとは会ったばかりだし、パンの缶詰も救缶鳥も、今日初めて聞いたことばかりだ。

「でも、私もスワジに何か持って行きたいとずっと思っていたんです。だから、信彦さんと出会って意気投合しました。たまたまご縁があって、話が合った。アフリカから帰ってきたばかりの勢いもありましたから」

誰でも人生のうちに何度か、出会うべきタイミングで出会うべき人と出会う瞬間があると思う。私自身の体験でも、何か特別な力に導かれるがごとく物事がトントン拍子で進んでいくときというのは、その背後に面白い出会いがあることが多い。

アキモトにとっても、北越コーポレーションにとっても、その後に出会うスワジランドの子どもたちにとっても、荒井さんと信彦さんの出会いは幸運なものだった。

〈いくつものハードルを越えて〉

荒井さんと信彦さんが出会ったのは4月。

互いの社内の理解を得て、その年の8月には第1回目の救缶鳥をスワジランドに運ぶことになった。

北越コーポレーションでは、いつも木材チップを輸入しているが、食品を運んだ経験はない。調べてみると、なかなかハードルが高いことがわかった。

「最初は、単純に荷物を船に積むだけかなと思っていたんですが、違ったんです。輸出の手続きも結構面倒なんですよね」

缶詰を送るには、寄付を目的とした輸出申告が必要で、その後はアフリカで植物検疫も通さなくてはいけない。まずは、申告書類を用意することから始まった。こちらの輸出申告と同時に、受け入れ先では輸入申告が必要になる。

受け入れの責任を持ってくれるのは、北越コーポレーションのパートナー企業である南アフリカのＴＷＫ社だ。

「彼らは輸出はするけれど、輸入はしたことがありません。初めてのことに戸惑っていました。向こうの政府からいろいろ言われるので、その都度手さぐりで英語の書類をこちらで用意して送ったり、成分分析表やアキモトの営業許可証などを送ったりして、ようやく受け入れてもらいました」

船はまず南アフリカへ到着。税関と植物検疫を通ったら、ＴＷＫ社がスワジランドに運んで現地の赤十字社に引き渡し、小学校へ持って行くという流れが決まった。

新潟から船に積み込む1か月前、荒井さんは現地に行って根回しをした。この事業がうまく回るように、関係各所に話をつけに行ったのだ。

まずはＴＷＫ社とスワジランドの赤十字社に日本からの寄付活動「救缶鳥プロジェクト」を始めることを伝え、受け入れ態勢を整えてもらった。その後は小学校に出向き、現地の知事やＰＴＡに会ってパンの試食会も開いた。

「事前に周知して、食べられるように準備をしてもらったんです。スワジの小学校ではお弁当を持って来る子もいますが、主食はとうもろこしの粉。あとはカレーのようなものを容器に入れて持ってきます。

アキモトのパンは、それとはまったく違います。甘いので、彼らにとってはちょっと贅沢な味なんですね。食べた人たちにはすごく喜ばれて大歓迎され、私もホッとし

「救缶鳥」回収・スワジランドへの配送スキーム

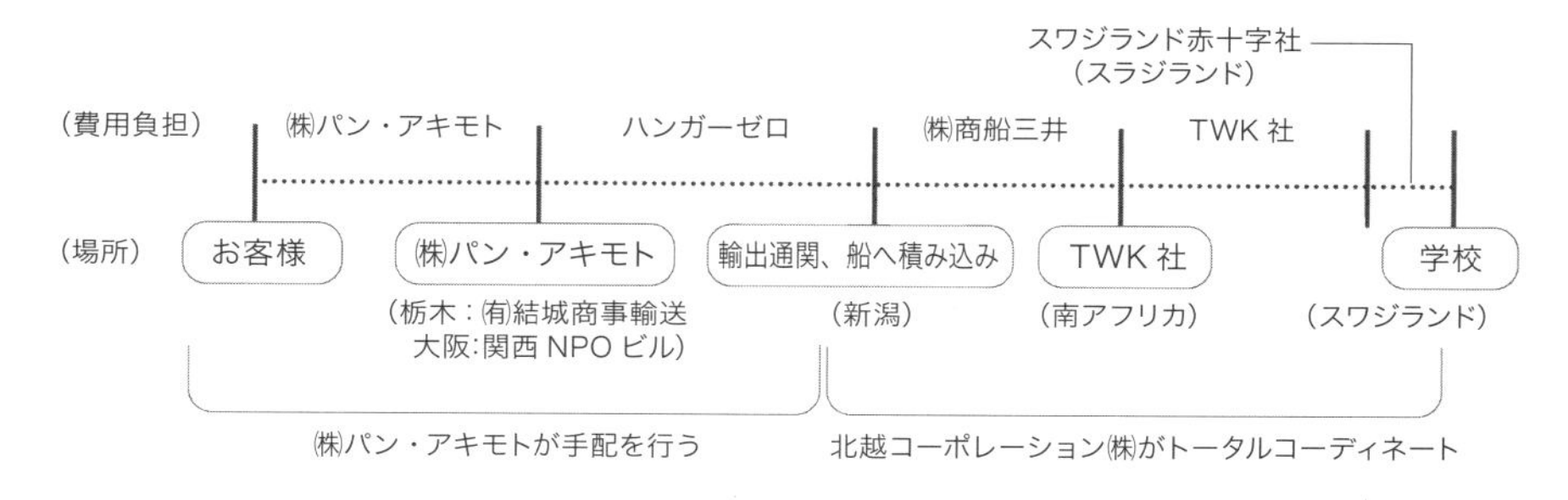

（敬称略）

それぞれの役割

ハンガーゼロ
パン・アキモト（大阪・栃木）から新潟までの国内輸送費の負担。

㈲結城商事輸送
栃木に回収された救缶鳥を自社倉庫に無償で保管。

北越コーポレーション㈱
現地へのトータルコーディネート（下記すべての関係者へ手配）。
救缶鳥輸出通関申告、スワジランド輸入通関書類作成、船内で荷崩れしないよう梱包費負担。
船への積み込みを含む作業経費及び、船内固定資材負担。

通関・荷役業者
パン・アキモトから集まった救缶鳥をリチャーズベイ（南アフリカ）に向けて出荷手配、
及び船への積み込み、船倉への固定を行う。

㈱商船三井
日本からリチャーズベイまで救缶鳥を輸送。

TWK 社
リチャーズベイで救缶鳥を船から荷卸し、
トラックでスワジランド（赤十字が指定する場所）へ輸送。
南アフリカ／スワジランドの輸出入通関、小学校への配送、現地行政との調整。

スワジランド赤十字
輸入検疫申告、救缶鳥を各小学校へ配布手配、現地行政との調整（TWK 社と共同）。

ました。あとは、税関さえうまく通れば大丈夫だな、と」

そして8月、初めての荷物を載せた船が新潟を出航した。最初に運んだのは6000缶。貨物船のスケールからするとほんのわずかな量なので、ロープで荷台にしっかり固定された。

到着後は、南アフリカのケープタウンの検疫で検査が行われた。戻ってくるのに2か月かかったが、「成分表示の通り」だとわかって無事に通過。いよいよスワジランドに運ばれて行く。

このとき荒井さんが立ち会うことはなかったが、事前に根回しをして丁寧に関係を作っていたため、現地の協力は手厚く、スムーズに小学校まで届けることができたという。その後もプロジェクトは継続し、この4年間で8万缶近い救缶鳥がスワジランドの各地の小学校に届けられてきた。

現在は年に3回のペースで救缶鳥を運ぶ便が出ており、それを動かすシステムができあがっている（179ページ参照）。

〈結局は「人」なんです〉

これらの救缶鳥の流れを作るため、荒井さんは仕事で関わりのある相手の懐に飛び込み、それぞれにできることを考えてもらった。

「たとえば、スワジランドに行く船会社は、仕事上では４社おつきあいがあります。会社によっていろいろな反応がある中で、商船三井だけが『ひと肌脱ぎましょう。会社として責任持って関わりますよ』と手を挙げてくれました。もともと、営業の方がとても熱心で、私も声をかけやすい。毎回『荷物を無事に現地に届けましたよ』というレポートをくださるのも、ありがたいことです。

また、ＴＷＫ社は南アでわれわれが木材チップを買っている会社。毎日スワジランドからトラックに丸太を積んで南アに通っているので、帰りに救缶鳥を載せてスワジまで運んでくれることになりました。責任者が若いころからの知り合いなので『いいよ、無料でやるよ』と快く引き受けてくれました。

仕事の流れの中に、救缶鳥プロジェクトを乗せたんです。わが社は全体をコーディネート。私が頼める人をつなげていったという恰好です。担当する方の人間性に助けられた部分が大きいですね」

２０１８年には、アキモトから初めて信彦さんがスワジランドを訪問。救缶鳥を持って小学校を訪れた。荒井さんも同行し、メディア取材も入って大歓迎を受けたそうだ。荒井さんは言う。

「勢いだけで始まったプロジェクトですが（笑）、現地のメディアで紹介されたりすると、結構大きなことをやってきたんだなと思います。

仕事だけをしているときは、学校の横を通って『かわいそうだね』で終わっていました。でも、救缶鳥プロジェクトに関わり始めてからは現地の子どもの生活もわかるようになり、教育事情も見えてきた。仕事とは違う関係が生まれて、自分の気持ちにも変化が生まれました。やってよかったと思っています」

一方、信彦さんは初めてのスワジランドで感激もひとしおだった。

「現地に行くまでは、北越コーポレーションがスワジランドに持って行ってくれているなあと思うくらいだったんです。

でも実際に行ってみると、船は商船三井のＣＳＲで、ＴＷＫ社は南アでの受け入れからスワジへの輸送まですべてやってくれて、現地の赤十字の方が学校まで届けている。すべてのシステムがうまく回っていて驚きました。これは荒井さんが考え、動いてくださった結果です。

現地では、知事やＴＷＫ社の社長、赤十字社の社長やレストランの人まで、荒井さんのことを『ヨーシ』と愛称で呼んで親しく声をかけていました。それほどみんなに慕われているんですね。彼の人柄で、救缶鳥がここまでできたのだと感謝しました」

荒井さんは「担当する人の人間性に助けられている」と語り、信彦さんは「荒井さんの人柄でここまできた」と語る。

現地を訪問して裸足の子どもが多いことに気づいた信彦さんは、日本で不要になった子ども用の運動靴を集めて、現地に贈る活動を新たに始めた。

プロジェクトを企画するのも「人」、それを動かすのも「人」。どこまでいっても、「人」なのだ。関わる人の心根と、それぞれに培ってきたビジネススキルが、救缶鳥プロジェクトを動かしている。

話を聞いた先々で、救缶鳥に関わる人たちのすがすがしい思いに触れた。

普通の食品なら、買って食べたらそれで終わる。もちろんそれでいいのだけれど、救缶鳥は2年間の備蓄期間のあとに、生かされる場所へと運ばれていく。

メッセージと共に世界に届き、届いた先の人を幸せにし、その笑顔が「救缶鳥通信」などで伝えられ、また次の備蓄へとつながっていく。パンと思いがぐるぐる回っている。

世界にパンを届けるプロジェクト、救缶鳥。持って行った先に幸せが届くのと同じくらい、関わる人にも幸せがもたらされている。

第6章

世界とつながる

——夢をかなえていく仕事

＊ベトナム、ダナン市へ

ベトナム北部のハノイからも、南部のホーチミンからも飛行機で1時間あまり。ダナンは南北に細長いベトナムのまん中に位置する都市だ。

「ハノイは東京、ホーチミンは大阪。ダナンは第三の都市ですが、金沢にたとえられるんです。のどかで風情があるからでしょうね」

そう言ったのは秋元さんだ。

ダナン市の人口は120万人。昨今は経済発展が著しく、IT産業を中心に国内外からの企業誘致も進んでいる。なんでも「ベトナムのシリコンバレー」を目指して、都市開発が行われているそうだ。

その一方で、東側には白浜が続く美しいビーチがあり、高級ホテルの建設ラッシュに沸いている。世界遺産のフエやホイアンへのアクセスもよく、世界中から注目を集めるリゾート地でもある。

ダナン空港に到着したのは夕方6時近くだった。外に出ると、もわっと湿った空気が肌にまとわりつき、汗が噴き出てくる。雨上がりの空がほんのり赤く染まっていた。早速タクシーに乗って、市内へと向かう。

ビッビー、ビービビビ！

広い道路に出た途端、けたたましいクラクションの音。横も前も後ろも、バイクに囲まれて走っていた。男女の二人乗りは当たり前、子ども3人と奥さんを乗せている5人乗りや、市場に行くのか帰るのか巨大な荷物を載せているバイクもある。

街全体が若くて元気。活力があふれる土地というのが第一印象だ。

アキモトはこの街に日本式のパンの店を開いている。

店の名は「ゴチパン」。ごちそうさま＋パンを掛けた覚えやすい店名である。

２０１５年にアキモトが出資してオープンした「ゴチパン」は、日本で研修を受けた人を中心に、若いベトナム人スタッフばかりで運営されている。

缶詰とは関係のない普通のパン屋なので、「ゴチパン」について話を広げるとパンの缶詰や救缶鳥から逸れていくことになる。それでも本書に取り上げたいと思ったのは、アキモトの社風となっている「本業で少しの社会貢献」が、ベトナム進出にも表れていると思ったからだ。

＊父、健二さんのアジアへの思い

まず、ベトナム出店の経緯から紹介していこう。

那須のアキモト本社には「きらむぎ」というベーカリーショップが併設されている。いつもパンの缶詰ばかりに注目が集まるが、ここで販売されているのはごく普通の日本のパンだ。

食パンやバケットなどの食事パン、あんパンやチョココロネなどの菓子パン、コロッケパンや焼きそばパン、サンドイッチなど常時１００種以上並んだパンは、どれも気取らず食べやすくておいしい。コッペパンにつけあわせをはさむコーナーやイートインコーナーもあって、地元の人たちでいつも賑わっている。

それとは別に、隣接する本社にもパン工場があり、近くの観光施設などで販売するパンと、パンの缶詰が作られている。

アキモトは地元で人気のパン屋であり、メディアを通して全国に知られる会社でもあるが、ここ数年は人手不足に悩まされていた。

パン工場の朝は早い。職人として製造現場で働く場合は朝の2時や3時出勤が当たり前だ。地味な仕事だし、給料もよいとは言えないため、スタッフを募集してもなかなか人が集まらない。

特に東日本大震災のあとは、復興や東京オリンピックに向けた建築ラッシュも重なって、関東近県の人手不足は深刻になっている。

人手が足りず苦しんでいたとき、秋元さんの頭に「日本人が集まらないのなら、外国人技能実習生に来てもらったらどうか」という案が浮かんだ。

そのとき、久しぶりに思い出したのが、父の健二さんの言葉だ。

健二さんは、戦前戦中を飛行機乗りとしてアジア各地を回る仕事をし、普通の人が見られない景色を空からも地上からも見ていた。戦争中の話は多くを語りはしなかったが、たびたび秋元さんに語っていたことがある。

「戦争経験者として、アジアにつぐないをしたい。アジアの人たちには申し訳ないことをした」

戦後、秋元パン店を開いてある程度の成功を収めてからは、健二さんの思いはより強固なものになっていた。

「パンの技術を学びたいというアジアの若者がいれば、うちに呼びたいと思っている。パンを焼く技術を身につけて、中古の機械を持たせて帰してあげたい。そうすれば、母国でもパン屋が開けるだろう」

日本が空前の好景気に沸いていた時代だ。アジア諸国との経済格差も大きく、そのような思いがふくらんでいったのだろう。実際に健二さんには外交官や官僚の友人がいたため、外務省や厚労省まで話をしに行っている。

その行動力は、さすが秋元さんの父親だ。だが、それを見てきた秋元さんは言う。

「ことごとく断られていたんです。当時は外国人技能実習制度などなかったし、大手企業は短期研修があったけれど、こんな小さな企業で職人の技術を伝えるなんてことは、認められていなかったんですよ」

秋元さんは、健二さんの夢や努力や徒労まで、傍（そば）で見て感じていた。

＊実習生に夢を見てもらいたい

「パンを通して日本の文化をアジアに伝えよう」という創業者の夢が蘇（よみがえ）ったのは、深刻な人手不足という目の前にあるリアルな問題がきっかけだった。時代は変わり、今はアキモトのような中小企業でも外国からの実習生を受け入れられるようになっている。

秋元さんは「父の夢が自分の代で叶うかもしれない」と思うと、目の前に光が射したような気持ちになった。

外国人技能実習生が最も多いベトナムに焦点をしぼり、普段から関わりのあるビジネスの会の人たちと視察に行った。ベトナムは親日感情が高く、知り合いもできたので、ベトナムから実習生を呼ぶ話が具体的に進み始めた。

ところが、日本に戻って実習生のことを具体的に調べていくと、職場環境もよくないためか脱走したり別のところに移ったりする人が結構いることがわかった。彼らは日本に稼ぎに来るので、来日したら自分たちのネットワークを組んで、少しでも条件のいいところを探す。そして金額に惹かれて別のところに移っていってしまうのだ。

それに、アキモトには苦い経験もあった。

過去にバングラデシュの実習生を受け入れたことがあり、結局うまくいかず労働争議が起こって喧嘩別れしていた。

二度とそんな思いはしたくないし、実習生にもイヤな思いはさせたくない。せっかく遠くの国からやって来るのに、別れたり対立したりすることは避けたかった。

できればアキモトのパン工場で、帰国するまで落ち着いて働き、技術を身につけてほしい。

「パスポートを取り上げて、うちに縛りつけておくこともできるのでしょうけれど、そんな卑怯なやり方はしたくありません。もっと前向きな方法で創業者の遺志を伝えられないだろうか」

どうしたものかと考えていたとき、秋元さんに一つのアイデアが浮かんだ。

「彼らに夢を見てもらおう、と思ったんです。お金をたくさんあげるわけではありません。でも、普通に賃金を払っていれば、3年間の実習期間の間にかなりのお金が貯まるはずです。できるだけお金を貯めてもらって、ベトナムに帰ってからお店を開けるようなモデルを作ろうと思いました」

ベトナムの物価は日本の10分の1だ。大卒初任給が2万円あまり。一家4人なら4万円あれば十分生活できる（5年前の話。経済成長率が毎年6～7％で推移していて、今は少し物価が上がっている）。

ベトナムで店を出そうとすると、300万円貯めればなんとかなることがわかった。それなら、日本にいる3年間に300万円貯められるようにすればいい。

「実習生としてこちらが支払う給料は月々15～20万円。住居は用意するので、生活にはそれほどお金がかかりません。仕送りもしなければならないでしょうが、私は月々10万円を貯金してほしいと思っています。そうすれば、3年間で300万円くらい貯まるはずですよね。

『それを持って社長になりましょう。3年間の実習のあと、パン屋の社長を目指すという人を採用します』と声をかけ、実習生を募集しようと思ったんです」

夢の実現に向けて共に働く仲間を、アジアの国に増やしていく。これならきっと健二さんにも納得してもらえるのではないかと、秋元さんは思った。

＊共同出資の会社と店

店を持ってもらうためには、実習が終わったあとも放り出すわけにはいかない。そこで、実習後の窓口となる会社を、まずダナンに作ることにした。

ベトナムではちょうど法律が変わったところで、日本企業も現地法人が立ち上げやすくなっていた。ただしベトナムで仕事をするには、法律にしても税金にしても現地の人の協力がなくては進まない。秋元さんは、現地パートナーを探すことから始めた。

「もとはといえば当社の人手不足のためですが、実習生は『頭数』や『モノ』ではありません。そういうことも含めて、考え方を理解してくれる心あるパートナーと組む。『この人となら』と思うよい出会いがありました」

２０１５年1月、アキモトは合弁会社を設立する。

何度かベトナムに通って意気投合した建設会社社長のアンさん、ダナン在住の二人の日本人にも出資者として加わってもらい、新しい会社を立ち上げた。アンさんは、現地での心強いパートナーだ。

社長には、アンさんの次男デュイさんが就任した。

彼は当時30歳。日本の大学を卒業し、ベトナムに戻って父の経営する建設会社で営業職として働いていた。だが、本人は食の仕事に興味があり、留学時代は東京の居酒屋でアルバイトをしていたという。経験は少ないがやる気のある若者だ。

当初はまず会社を設立し、実習生を日本に受け入れ、実習生の帰国に合わせて新しい店をオープンするつもりだった。

ところが、日本とベトナムを何度も往復するうちに、その気持ちが変化する。ダナンに住む日本人の知り合いが増え、彼らからさまざまな話を聞いたからだ。秋元さんが気になったのはこんな意見だった。

「ダナンには、日本みたいなパン屋がない。早くパン屋を開いてくださいよ」

ベトナムは、かつてフランス領だったので、「バインミー」というフランスパンに具材をはさんだサンドイッチが有名だ。フランスパンと言っても、米粉入りのもちっとしたかためのパンで、小麦粉だけのパンとは風味も味も違う。具をはさめばおいしいけれど、それだけで食べたくなるようなものではなかった。

ベトナムは日本と同じ米文化の国で、小麦粉は輸入品。経済的に豊かではないため、あまりよい小麦を使えないのも理由の一つだろう。

秋元さん自身、ベトナムに通いながらさまざまなホテルに宿泊してきたが、朝食に出てくるパンでおいしいものに出合ったことがなかった。店を開くのはまだ先だと思っていたが、現地の日本人に後押しされて「それなら」と勢いがついた。

まずは、ダナンにパン屋を開こう。これをモデル店にして軌道に乗せたら、実習生の受け入れ場所にもなる。

「日本で実習を終えたら、この店で働いてもいいいし、独立して新しい店を開いてもいい。選択肢があったほうが自由でしょう」

さまざまな出会いと思いが重なって、新しいパン屋のオープン準備が進んでいった。

＊スピードを上げた開店準備

ダナン出店の決意が固まった秋元さんは、社長のデュイさん夫妻と、ダナン外国語大学日本語学科を卒業したハインさんの３人を、那須にある「きらむぎ」に３か月ほど呼び寄せた。

店の経営からパン作りまで、研修を受けてもらうためだ。

デュイさんが一番年上で、女性二人は20代。若いが新しい会社の幹部になる人たちだ。掃除、挨拶、笑顔に始まり、パン作りから店の運営まで、さまざまなことを学んでもらった。秋元さんは言う。

「本当はもっと長く研修してほしかったのですが、ビザの関係で３か月になりました。彼らはみんな日本語ができるので、さまざまなことをよく学んでくれたし、那須のスタッフともいい関係を築いてくれました」

３人が研修を終えてダナンに戻ると、いよいよ本格的な開店準備が始まった。

店舗は、デュイさんの父で現地パートナーのアンさんの会社が所有するビルの1階を借りた。パン工場や売り場への改装は、すべてアンさんが請け負ってくれる。問題はパン作りだった。新しく雇うベトナム人スタッフに、パンの技術指導をする人が必要だ。

デュイさんやハインさんは日本で3か月の研修を受けてきたが、職人としての研修を受けたわけではないし、経営側に回るので役割が違う。

そこで、那須でパン工場長として働いていた秋元さんの次男輝彦（てるひこ）さんに、白羽の矢が立った。アキモトのパン職人として10年以上働き、2014年には新しい「きらむぎ」の店を立ち上げた経験もある。

社長の秋元さんとしては自分の思いで走り始めたベトナム出店だが、海外事業は将来性のある仕事。次の世代へとバトンタッチしたい、という気持ちもあった。

ダナンにしばらく滞在し、パン作りを指導した輝彦さんは言う。

「社長は、やると決めたらとにかくやるんです。やらなければならないことも飛ばして進む。僕は一つ一つ着実にやっていきたいほうなので、ゴチパン準備中は衝突することも多かったですね。

外国人スタッフの技術を短期間で一定のレベルに持っていくのは大変なことなのに、『なんでできないのか？』と言われて、『どれだけ大変か、わかってないでしょ！』と言い返したこともあります。

しかし、普通はこんなスピードで物事は進みません。ほかの人ではできない速さでやってのけるので、ありがたいなあと思うことも多々ありました」

輝彦さんの話からは、ドドドドと音を立ててブルドーザーのように進む秋元さんの豪快な仕事ぶりが垣間見える。葛藤も悶着も同時に抱えて走りながら、「ゴチパン」はどうにか開店にこぎつけた。

2015年8月末、ベトナムに会社をゼロから立ち上げてわずか7か月だった。

＊地元に愛される店「ゴチパン」

開店から3年を経た「ゴチパン」を訪ねる。

ダナンの街の東側で、ビーチにも近いエリア。にぎやかに車やバイクが行き交う通り沿いに店はあった。

GOCHI PAN Japanese Bakeryという看板をくぐって扉を開くと、「いらっしゃいませ!」という元気な声が聞こえてきた。

異国で聞く、なじみ深い日本語のフレーズに心がゆるむ。

私が訪問したのは朝の9時だが、店は6時半から営業が始まっていた。

お揃いのユニフォームを着たスタッフは、見たところ20歳前後の若い人が多い。店の奥にあるオーブンでは次から次にパンが焼きあがり、いい香りが漂っていた。みんなが忙しそうなのに、流れる空気はのんびりとしている。

ダナンでは、小学校から高校まですべての学校が2部制で、午前の部のスタートは朝7時。そのため6時半に店を開くと、登校中の子どもたちが次々にパンを買っていくという。

人なつこい笑顔で、店の奥から登場したのは社長のデュイさんだ。

「お店は6時半に始まりますが、スタッフが来るのは朝の4時。夜は交代で9時までお店を開けています。ベトナムは、朝は早くて夜は遅いですね。スタッフは全員ベトナム人。パン作りと販売を合わせて10人います」

この日、棚に並んでいたのは、カレーパン、あんパン、ソーセージドーナツ、ピザなど、日本のパン屋ではおなじみのものばかり。

多少いびつな形のパンが混ざっているのはご愛嬌(あいきょう)だろうか。日本人はなんでも見た目重視。少しでも気になることがあればその商品は避けてしまうが、ベトナムの人は細かいことは気にならないらしい。

店には日本人客をはじめ外国人のお客さんが多いのかと思っていたが、デュイさんによると地元の人が多いという。

「学校に行く子どもも来るし、近所で働いている人も買いに来ます。よく売れるのは食パン。やわらかくてびっくりする人が多いです。『こんなふわふわのパン、今まで食べたことがなかった!』って。

カレーパンも人気がありますね。ベトナムもカレーを食べますが、日本のカレーとは全然違います。カレーパンのルーは日本のもの。この味は僕も大好きです」

「ゴチパン」では材料を吟味して選び、日本と同じ技術でパンを作っている。ほかにもパンを売る店はあるが、「ゴチパン」ほどやわらかくて食べやすいパンにはなかなか出合えない。だから、一度食べて感激した人はリピーターになる。

オープン以来予想以上に増えてきたのは、ホテルやレストランからの注文だ。日中はダナン市内への配達も数多い。

客足が途絶えている時間帯もスタッフが忙しそうに働いていたのは、配達用のパンをひっきりなしに焼いて運んでいたからだった。

「おかげでとても忙しいです。ダナンで一番人気のあるハンバーガーショップには、毎日1000個くらいバンズを配達しているんですよ。

高級レストランやホテルからの注文もあるし、あまり予算のないところからの注文もあります。そういうときには、材料を工夫してアレンジします」

この3年、「ゴチパン」の売り上げは安定して伸びてきた。秋元さんは、時折ダナンを訪ねてアンさん一家やスタッフとの親交を深め、店の経営状態を見ている。

「ベトナムは日本の30～40年前の雰囲気があって、家族を大切にしている人が多く、若い人が本当に元気ですよ。『ゴチパン』のスタッフも若い人ばかり。ここに来ると活力をもらえます」

ベトナムにはベトナムのしきたりやルールもある。

当初は彼らに任せることへの不安もあったが、問題が起きたときの対処方法などを見ながら、３年間で信頼関係を作ってきた。

デュイさんは、お店の今後の展望を語る。

「目標は、ダナンに『ゴチパン』を10店舗作ること。１号店は設備や内装にとてもお金をかけて大きな店にしました。今年ダナンにオープンした2号店は、フランチャイズ店なので直接関わっていませんが、そんなにお金をかけずに作れたそうです。これから僕たちも、小さくていいから近所の人に毎日来てもらえる店を作りたい。

日本から帰ってきた実習生と、ビジネスを大きくしていきたいです。次にお会いしたときには、店がもっと増えているようにします」

若きベトナム人社長には、勢いがある。日本とつながりながら未来を見据え、自分たちの夢をふくらませていた。

＊ベトナム人実習生の面接

秋元さん夫妻が、来期のベトナム人実習生受け入れのため、ダナンで応募者に直接会って面接をするというので同席させてもらった。

今、那須のアキモトでは3人のベトナム人技能実習生が働いている。今年で3年目。今まで、外国人技能実習生の滞在期間は3年だったが、2017年11月に法改正があり、「本人と企業の双方が延長を望み、一定の条件を満たした場合には2年間の延長が可能」になった。

実際、アキモトの実習生も3人中2人は延長を希望している。今回は新たに2名を採用するため、夫妻はダナンにやって来た。

「ゴチパン」の事務所で、秋元さん、志津子さん、デュイさんによって面接が行われる。

今回の応募者は若い女性ばかり4人。そのため会話の中心は志津子さんだ。一つ一つの質問を丁寧に聞きながら、面接が進んだ。

「日本語で自己紹介してください」

「なぜ、今回の募集に応募したのですか？」

「パン・アキモトの仕事内容を知っていますか？」

「家族は賛成している？」

たどたどしくても日本語でやり取りするのは、実際に会話ができなければ、来日してから本人がつらい思いをしてしまうから。

実習期間中にも日本語を学ばなければならないが、アキモトでは最初からある程度の日常会話ができる人に来てほしいと思っている。


さまざまな話を聞いたあと、最後はすべての人に同じ質問が投げかけられた。

「3～5年後、ベトナムに帰国したら何をしたいですか？」

「まだ決めていません」

と言う人も多かったが、ここで秋元さんが語りかける。

「日本で学んだパンの仕事を、ベトナムでも続けてほしいんです。お金を貯めれば自分で店を持つこともできるし、『ゴチパン』で働いてもいい。パンの周辺で働いてほしいと思っています。できますか？」

「はい、できます」

秋元さんは、いつものほがらかで饒舌な様子とは打って変わって神妙な面持ち。終わってから、しきりと汗を拭いながら語っていた。

「人の人生を左右する緊張感がありますね」

外国人技能実習生は、団体に所属して人を派遣してもらう方法もあるが、アキモトは単独での受け入れを選んでいる。

団体に所属した場合は、合わなかったときや問題があったときに、人を入れ替えてもらうこともできる。そうではなく、自分たちでしっかりと相手を見きわめ、気持ちの確認をすることが大切だと考えているからだ。

実際に実習生を受け入れてみると、残業はさせられないとか、勤務時間中に日本語教育を受けさせなければならないなど、さまざまな制約もある。

「本音を言えば、外国人ワーカーはいろいろな意味で気を使います。最初は不安でしたが、みんなアキモトで喜んで働いてくれている。延長したいと言ってくれるほどなので、よかったと思っています。

単なる労働力というだけではなく、『日本の技術と文化を持ち帰って独立してほしい』という創業者からの夢がある。理想論かもしれませんが、その思いが消えない限り、ベトナムの人たちとの仕事は続けていくでしょうね」

日本で学んだ実習生が帰国し、「ゴチパン」での仕事にうまくつながっていけば、今までベトナムで作ってきたサイクルが、一つ完成する。

そのときまた、秋元さんに話を聞いてみたい。

＊アメリカ進出を模索する

パンの缶詰を完成させた20年前、秋元さんは日本だけではなく、アメリカ、台湾、中国でも特許を取得した。将来、世界に向けてパンの缶詰を販売したいと夢を描いていたからだ。

とりわけ秋元さんが大きな目標にしていたのは、アメリカへの進出だった。

アメリカは社会貢献の意識が高い土地。ボランティア活動が盛んだし、コミュニティの中心はキリスト教の教会にある。寄付をすればするほど税額控除を受けられる仕組みも整っている。

日本は新しいことをしようとすると「前例がないからやめておけ」と言われる国民性だが、アメリカは「前例がないならやってみればいい」というスピリットの国だ。自分たちの新しいビジネスの、背中を押してくれるかもしれない。

秋元さんはいずれはパンの缶詰をアメリカで売りたいと思い、日本から輸出する方法を探り始めていた。

「この20年を振り返ると、沖縄の米軍基地での販売も、アメリカ軍食品管理局の認定も、スペースシャトルに２回積載されたことも、すべてアメリカへ行く準備だったかもしれないと思えてきたんです」

そんなとき、アメリカに住む知人からアドバイスを受ける。

「アメリカで商売をするならメイドインU.S.A.じゃないとダメだ。日本の商品を輸出しようとすると、必ず文句が出てストップがかかるよ」

東日本大震災のときに、彼はそのことを実感する。日本の食材は、一切アメリカに入らなくなった。何かが起きると簡単にストップするし、商売がうまくいった場合も足元をすくわれたりする。本格的に商売をするなら、アメリカで作ったほうがいいという結論になった。

２０１２年、アメリカに「パン・アキモトU.S.A.」を設立する。

場所はロサンゼルス。秋元さんの高校時代の友人が、ロスでカメラの販売とメンテナンスで成功を収めていた。アメリカに行くたびに寝泊まりさせてもらっていたので、そこに事務所を置かせてもらうことにした。

事務所を拠点にさまざまな伝手(つて)をたどり、業務提携できる現地のパン屋を探してみた。10社程度と交渉したが、いずれもうまくいかなかった。

　意気消沈していたところに今度は、サンフランシスコで13店舗を展開する台湾系のベーカリーとの出会いがあった。

「パンだけではなく月餅も作っていて、成功しているベーカリーです。会ってみると社長は『自分たちは十分儲けた。これからは息子に任せて余生を楽しみたい』と言う。でも救缶鳥の話をしたら、横にいた奥さんが『私たち、お金儲けはできたけれど、社会にお返ししていないからやってみたらどう？』と。そのひとことで、ガラリと風向きが変わりました」

　ときどき台湾に帰っているというので、沖縄工場と那須の本社まで足を伸ばしてもらい缶詰工場を見てもらうと、その社長は言った。

「これなら、うちのセントラル工場の一角でもできそうだ。一定量が作れるようになったら、別工場を作ってジョイントしよう。私はもう若くないから、息子にやってもらうよ。アキモトにも息子がいるだろう？　お互いの子どもを会わせて、やりたいと言うなら応援しようじゃないか」

　もちろん秋元さんも、その意見に異存はなかった。

秋元さんの長男信彦さんと、先方の長男アーサーさんが会って、準備が進み始める。機械設備は日本側で対応、技術指導もするという簡単な覚書を交わし、まずはパンの缶詰作りのプロである沖縄工場長がアメリカへ指導に行った。工場長はアメリカで生活した経験があり、英語もスペイン語も堪能だ。

専用の缶詰の巻締機を日本から送って設備も整えたし、人間関係も悪くなかった。ところが、始めてみるとなかなか販売できるレベルの完成品が作れない。技術面でも衛生管理も日本のやり方は繊細すぎて、製造現場のアメリカ人には難しいのだ。何度か日本から指導に行っているが、一時的にはクオリティが上がっても、やめるとまたうまくいかなくなる。

「経営者の段階ではよくても、現場のワーカーが今ひとつ乗ってきてくれません。日本のやり方は、世界的に見ると変わっているのかもしれませんね。

ベトナムで事業をして思うのですが、『郷に入っては郷に従え』。現地のやり方に従わなくてはならない。日本ではおいしさ重視で粉の配合を複雑にしていますが、アメリカではそこまで微妙な味もいらないのかもしれません」

そんなわけでアメリカでの事業展開は進展が遅れており、予想以上の時間と費用の負担がのしかかっている。

それでも秋元さんはあきらめたわけではない。スタッフをアメリカに常駐させ、再開したい気持ちはある。だが今は、技術指導ができるスタッフが定年などで離職。アメリカまで手が回せないのが現状だ。

「完全にこちら側の問題ですが、スタッフ不足に陥っているので、長期に構えなくてはならない状況です。撤退という道もあるかもしれませんが、缶詰の設備や備品をすでにアメリカに貸しているので、簡単にはあきらめきれないんですよ」

アメリカでの仕事を任されている信彦さんも語る。

「この仕事は片手間ではできません。パートナー企業にすべて任せても無理なんです。やるのならやはり専属の人を派遣し、営業も含めて積極的に取り組む必要がある。やり方次第で、パンの缶詰は世界中に広がる可能性を持っていると思います」

コミュニケーションや技術の壁と、人員不足。決して順調とはいえない状況の中で、模索が続いている。

＊トルコ救缶鳥プロジェクト!?

救缶鳥プロジェクトは、ここ数年さまざまな賞を受賞している。

「日本で一番大切にしたい会社」大賞審査委員会特別賞、ニッポン新事業創出大賞グローバル部門特別賞、グッドライフアワード環境大臣賞最優秀賞――。

注目を集めるたびに、さまざまな広がりが生まれてきた。

最近声がかかったのは、トルコでの救缶鳥プロジェクトだ。

「また、なぜ遠いトルコで？」

その疑問は、秋元さんの話を聞いて少しずつ晴れていく。

トルコは、アフリカ、アジア、ヨーロッパを結ぶ起点となる場所。現在も、ハンガーゼロを通して、救缶鳥はアフリカやシリアなどにも数多く送られている。いっそのこと、極東の日本から送るよりも近場のトルコで製造し、緊急食糧として保管してはどうか、という話だ。

近くにあれば必要なときにすぐ対応できるし、時間的にも早く到着する。

トルコのプロジェクトは、大手商社によって企画された。

資金は、日本やヨーロッパの企業からスポンサーを募り、スポンサーラベルの救缶鳥を作る。つまり、備蓄食というよりも、寄付によって作られる広告入りのパンの缶詰だ。今までの救缶鳥から考えると、大きな発想の転換となる。

「パンは、トルコのパン屋さんにわれわれが技術指導することになるでしょう。企業の広告費で、材料もパンの費用も賄える。作った缶詰はすぐにアフリカなどの飢餓地域に届く。この話は、関わるみんながウインウインになる構想だと思ったんです」

知財管理の甘いアジアで技術を教えると、どんどんコピー商品が出てしまうリスクもある。それでもこのプロジェクトに踏み切りたいと思った理由を秋元さんは語る。

「パンの缶詰事業が社会性を帯びてきていることを自負していますが、政府や自治体は『いいアイデアですね』と言うだけで、一向に取り扱ってくれません。予算のみの関心で運営する行政は、ただ安いほうへ向かっていくように見える。その考え方の貧しさには、怒りやあきらめを感じています。

だからこそ、海外で実績や評価を上げて、救缶鳥プロジェクトのよさを、逆輸入させたいという気持ちもあるんです。たとえ今、政情不安と言われているトルコや、費用が高騰するアメリカであっても」

初めて秋元さんの口から「怒りやあきらめ」という言葉を聞いた。

これまで、パンの缶詰を開発し、備蓄食として広め、世界に届けるプロジェクトまで成長させてきた。しかし、本当に目を向けてほしい人たちを、動かすことはできていない。ちらっと出た弱音には、深い失望もあるように感じた。

トルコのプロジェクトは、これからスタートする。

実現するかどうかは未知数だ。アメリカで中断していることが、果たしてトルコでスムーズに進むのか、不安も残る。

それでも、世界へ救缶鳥が広がっていくことに、秋元さんは夢を感じている。怒りやあきらめをそのままで終わらせず、前へと進む原動力にしているのだ。

エピローグ

心を満たすパン屋になる

＊ありがとうのハガキ

2年前に初めて秋元さんと会ったとき、数日してからハガキをいただいた。救缶鳥のPRも兼ねたアキモトのオリジナルハガキで、救缶鳥と同じようにメッセージを書く欄がある。

そこに筆で大きく「夢」と記されていた。大らかではずむような秋元さんの字。でも、なにかが変だ。なんだろう？

よく見ると、夢は「ありがとう」という仮名文字の組み合わせでできあがっている。少々無理やりな感じはあるが、たしかにその字は夢なのだった。

「夢は、少し無理して力技で叶えるものかもしれないな」とか「感謝の気持ちが夢を実現させるよね」などと、私は勝手に思いをめぐらせる。

何より秋元さんらしい遊び心が感じられ、書いているときの表情まで想像できて、眺めているとクスッと笑えた。

その後、アキモトを訪問するたびに、ほかの社員の人たちからもハガキが届いた。手書きのメッセージには個性が出る。5行のメッセージ欄にぎっちり細かく書く人もいれば、2行くらいで印象的な言葉を綴る人もいる。ほどよく親近感が湧いて「この人はこんな字を書くんだな」と、相手の顔が思い浮かぶのもいい。

そういえば、金城学院元校長の深谷さんは「手書きの文字は、今の時代を一緒に生きていることが、遠くの相手にも伝わる」と語っていた。

信彦さんも、ハガキをくださった一人。後日、話を聞いてみた。

「正直言えば、メールのほうが楽ですよ。でも、書くのに必要なのはたかだか5分くらい。5分だけその人を思って書くと、受け取ったときに喜んでもらえる。たった1枚のハガキですが、そこから注文をいただいたり、長くおつきあいが続くことになったり、いろいろなご縁がつながってくるんです。そういう経験をすると、やっぱり手で書くことは大切だなと思うようになりますね」

デジタル機器全盛の今、手書きのハガキや手紙は書くことも受け取ることも少なくなった。年賀状や暑中見舞いだって、ほとんどが印刷物。私自身、メールやラインの連絡に頼ってばかりいる。

手書きは面倒だし非効率。おまけに切手を貼る必要もある。多くの人が手間もお金もかかると思っていることを、アキモトではあえて大事にしている節がある。

そういえば、志津子さんがいつか語っていた。

「カットしたパン生地を、そのまま缶に入れて焼いたことがあるんです。でも、それではおいしくないんですよ。カットしたあと、手で丸める工程が大事。手をかけることで、味は全然変わるんです」

合理性や効率性は大事だが、大切なところでは手間を惜しまない。アキモトの人たちが、味にしてもハガキにしても要所要所で手を抜かないのは、そのほうが人の心に響くと経験から知っているからだろう。

＊ファミリー企業のこれから

初代の健二さんは、飛行機乗りからパン屋を立ち上げ、地元で成功を収めた。2代目の秋元さんは、地元でパン屋をしながらパンの缶詰を発明し、備蓄食として全国に広げ、世界の飢餓地域を救うシステムを作りあげた。

そして遠からず、3代目にバトンタッチをする時期が来る。

秋元さん夫妻には4人の子どもがいる。そのうちの3人——本書に登場する長男信彦さんと長女愛実（まなみ）さん、そして次女のぞみさんがアキモトで働いている。昨年までは次男の輝彦さんもアキモトで働いていたが、現在は本社を離れている。

以前、秋元さんが語っていたことがある。

「海外での仕事は将来性があるので、息子たちに任せて進めています。アメリカは長男、ベトナムは次男。多少時間がかかっても模索しながら彼らが進めてくれると思うんですよ」

しかし、次男の輝彦さんは昨年末にアキモトを去った。パン職人として10年以上働き、本社工場の責任者にもなっていたのでアキモトとしては痛手だ。その後、輝彦さんはベトナムのダナンへと渡り、現在は現地でパンの技術者として独自の働きをしている。

長男の信彦さんは、現在アキモトの取締役営業部長として働いている。20代のはじめ、語学留学したアメリカから帰国してアキモトへ入社。ことあるごとに父とぶつかってしまい、いったんは旅行会社へと転職した。

6年が経ったころ、アキモトにいた上司から声がかかり、再び戻ってきた。営業職としてどんどん外に出て行くようになると、外の人から、父の仕事ぶりについて耳にすることも増えていく。そこで「改めて親父はすごいことをやってきたんだな」と思うようになった。

「親父は、『行くぞー!』とみんなを先頭で引っ張っていく蒸気機関車のようなタイプ。僕には正直そういう力はありません。でも、父とは違うやり方があると思っています。最近、会社のやり方を少しずつ変えていこうと、経営の数字をオープンにしました。会社の状況を知ることで、社員も責任を持って仕事ができるようになると思ったからです。

これからは蒸気機関車ではなく、各車両にモーターを持つ新幹線のように、それぞれの部署が組織で強くなりたい。社員は『いずれ息子が社長になる』と思っているかもしれません。でも、ふさわしい人がいれば僕じゃなくてもいいんです。そうすればみんなが頑張れる。そうなったら、僕も努力しなきゃいけないと思いますしね」

信彦さんは自分のやり方を探しながら、一歩を踏み出している。

一方、アキモトの経営を、少し引いた視点で外から見ている人がいる。

秋元さんの友人で、救缶鳥の名づけ親であり、コンサルタントの立場でも関わりがある中島セイジさんだ。信彦さんや輝彦さんは、中島さんが主宰する経営セミナーの教え子でもある。

「家族経営はいいのですが、アキモトはそろそろ組織を作らなければならない規模になっています。きちんとした規模の会社を作るなら、家族とは離れて組織を作ったほうが将来的にもいいでしょうね。そうしないと周囲の社員は『俺たちは、そこには永遠に入っていけないのか』ってことになりますから」

信彦さんの考え方を後押しするような意見だ。

秋元さん自身も、今後について考えている。

「次の世代がどうなるかはまだわかりませんが、父が創業した会社をなるべく長く続けていきたいと思っているんです。

人間は長生きしても100年。しかし、200年や300年続いている老舗はいくつもあります。中でも500年続いてきた和菓子の虎屋(とらや)は、常に新しい挑戦をしています。前の代と同じことをやっていては、行き詰まってしまうことを知っているんでしょうね。

時代の変化に対応しながら、進化し続ける会社が生き残っていく。アキモトもどんどん挑戦をして変わっていけばいいと思います」

＊外から見るアキモト、中から見るアキモト

「うちの会社の経営陣は、みんな新しいことが好きなんですよ」

と言うのはアキモトのベーカリーショップ「きらむぎ」店長の藤崎良太さんだ。秋元社長の言葉を裏づけるようなひとことである。

藤崎さんは２０１２年に入社した32歳の若者。それ以前は東日本大震災のボランティア活動で、ハンガーゼロと共に東北に1年間滞在していた。その後、「アキモトで社員を探している。行ってみないか」と声がかかり、ここに来た。

ボランティアはやりがいがあったので、次に働くとしたらＮＧＯや人の役に立つ仕事がしたかった。アキモトならその思いが叶うかもしれないと考えていた。

「でも、甘かったです。ボランティア感覚で入社したのは、失敗でした。アキモトの仕事は商売なので、時間にしても物にしてもすべてお金に代わる。自分は今まで、なんてノホホンと生きてきたのだろうと思わされました」

営業部に配属され、金銭感覚や仕事の基本を厳しく叩き込まれ、半年間で激やせ。

自分もつらかったし、周囲からも「辞めるのでは」と思われていた時期、パンの製造部門へと異動になった。早朝からの勤務だが、もともと飲食店で働いた経験もあったので、スッと入っていくことができた。

「外から見るアキモトと、中から見るアキモトは違うんです。

社長は『社会貢献するにも企業利益が必要だ』と対外的にもよく言っていますが、アキモトに就職を希望する人は『ボランティアや社会貢献』の部分に惹かれてくる。企業利益のほうには、あまり目が向いていません。でも、あくまで仕事あってのボランティアなんです。

外からイメージしていたこととのギャップに悩み、辞めていく人は結構います。仕事のシビアな部分や厳しさに耐えられないんじゃないかなあ」

藤崎さん自身、理想と現実のギャップに直面しながらも、働き続けてこられたのはなぜなのだろう。

「言われたことをただやっていたときは、本当に苦しかったです。仕事を覚えて、パンのことや店のことが少しずつわかってきて、能動的に働けるようになったとき、初めてやりがいを感じました。

だから、下の人たちに言っているのは、まず仕事を覚えること。その先は『何のためにやるのか』『どうなりたいのか』目標を持つこと。そうでないと心が折れてしまうよ、と」

最近の藤崎さんの能動的チャレンジは、コッペパンの生地を変えたことだ。

アキモトは歴史が長い会社なので、コッペパンのレシピ一つにも伝統がある。さらによいものにするために「材料も仕込み方も変えたい」と言ったら、「やってみろ」と社長が後押しをしてくれた。

そこで出たのが、藤崎さんの最初の言葉だ。

「うちの会社の経営陣は、みんな新しいことが好き。数打ちゃ当たるというか、やってみようとするチャレンジ精神はすごくあると思います」

ただ、新しいことがあちこちで始まるために、社員が大変になることも多い。

「その交通整理をするのが、僕らの仕事ですね（笑）。おかげで、僕らもチャレンジしやすい。チャレンジを後押ししてもらえると、結果を出したくなるじゃないですか。

給料も決して高くはありませんが、今はここでやりたいことがあるんですよ。店の歴史と、自分たちのやり方をミックスさせながら進んでいけたらと思います」

＊コントロールブランの可能性

信彦さんが語っていた。

「自分にできるのは、数字を上げて実績を作ること。給料を上げて社員を安定させ、週休2日をちゃんと取れるように待遇面もよくしたい。そのためにも、やっぱり売り上げなんですよね」

それは、救缶鳥やパンの缶詰をもっと広げたいということ？　と聞くと、思いがけない答えが返ってきた。

「いえ、今はコントロールブランを推していこうと思っているんです」

コントロールブランは、糖尿病や食事制限中の人でもおいしく食べられるパンとして、アキモトが数年前に売り出した商品だ。パンの缶詰の開発のきっかけは阪神・淡路大震災だったが、こちらはパン好きな秋元さんの友人が糖尿病になったことで開発が始まった。

食事制限を強いられていたその人は言った。

「毎日パンが食べたいのにカロリーが高くて食べられない。病人用のカロリーが低いパンはエサみたいでおいしくない。糖尿病でもおいしく食べられるパンを作ってよ」

人から頼まれると、パン職人である秋元さんは俄然燃える。

血糖値の上昇がゆるやかなパンを作るため、ふすまや胚芽を含んだ全粒粉と大麦を使用してカロリーをカット。食物繊維の量を増やすことにも成功した。

糖尿病の人が、栄養計算する際の目安は1単位80キロカロリー。そこで、1個が80キロカロリーになるような小さなサイズにして「プチパン80」と名づけ、冷凍して30個入りで売り出した。

コントロールブランが完成したのは２０１０年。当時はパンを病院に売り込もうとしたら断られた。なぜなら、病院では管理栄養士が食事をしっかり用意するためだ。

信彦さんは、義父が糖尿病だったので、患者にとって大変なのは退院後の生活だということをよく知っていた。

「全国に糖尿病患者は約１０００万人、生活習慣病予備軍も合わせると合計２０００万人です。コントロールブランは健康志向の高まりもあって、今の時代に必要とされる商品だと思うんです。備蓄はできませんが、毎日食べていただけます」

コントロールブランに使っている大麦は、栃木県産。栃木は日本一の大麦生産地なので、地産地消の意味もある。今までは細々と売ってきたが、最近卸売販売を始めて、手応えを感じているところだ。

「パンの缶詰は防災の日や震災後には売れても、それ以外になかなか伸びませんでした。賞味期限が長いので、入れ替えのスパンも長い。こちらは毎日のパンなので、季節も問わず売れています」

時代に合わせて必要とされるものを作り、必要な人に届けていく。コントロールブランも、アキモトのチャレンジの一つが結実したものだ。

＊心を満たすパン屋になる

秋元さんがよく話す言葉に「ミッション、パッション、アクション」がある。

ミッションとは、自分の使命や果たすべき仕事。

パッションとは、情熱や夢中になること。

アクションとは、そのために行動していくこと。

「この3つが人を動かしていきます。私がいつも考えているのは、ミッションを明確にし、パッションを心に持ち、どんどんアクションを起こすこと。

アクションを起こせば、周囲からリアクションが返ってきます。応援のリアクションもあれば、批判や反対のリアクションもあるでしょう。批判があればそれに応える。

そして、リ・リアクションを起こせばいいんです。

リアクションを恐れていては何もできません。気楽にやればいいんですよ」

すべてのアクションのもとにあるのは、ミッションだ。

ミッションというと堅苦しく考えそうになるが、秋元さんのミッションはいつも足元から、身近なところから始まっている。

若いころの秋元さんは、世界を舞台に仕事をしたくて航空会社への就職を夢見ていた。その夢は叶わなかったが、家業を継いでパン職人として働くうちに、被災者の声に応えて奇跡のような缶詰ができあがった。そして、缶詰を無駄なく食べてほしいと願ううちに、いつしか世界を舞台に仕事が動き出していた。

秋元さん自身が、最初から大きなことを目指したわけではない。目の前の人の困っていることを聞き、壁にぶつかっては乗り越えて、夢中で試行錯誤してきた結果だ。

ミッション、パッション、アクションは、自分の足元から始まるのだと思う。

仕事が世界に広がってきた今も、秋元さんは足元から始まった活動を大切にしている。

東日本大震災後、7年以上経った今も続けているボランティア活動や、日本各地に支援物資を備蓄するNPO法人災害支援機構Ｗｅ Ｃａｎの活動。最近は「きらむぎ」の店前広場を使った月に一度のマルシェも、地元の人に人気のイベントになっている。

秋元さんは言う。

「アキモトはパン屋です。地域の人のおなかを満たすパン屋さんはいっぱいありますが、僕らは心を満たすパン屋になりたい。

心を満たすというのは、お店に来て『楽しいね』『ゆっくりできるね』と感じられること。食べることによって幸せを感じられること」

まずは足元を、地元を思う、秋元さんらしいビジョンだ。アキモトの仕事を見ていると、社会は自分の力では変えられないとあきらめるのではなく、社会は自分の足元から変えられるのだという希望が見えてくる。あきらめなければ、思いは叶う。

さまざまな地域へと送られる救缶鳥に乗って、そのことが日本各地へ、そして世界中の人に伝わっていくといいと思う。

本書の制作にあたっては、秋元義彦さんをはじめとするパン・アキモトのみなさまにさまざまなご協力をいただきました。

また、金城学院中学校・高等学校、ディノス・セシール、学校法人上智学院、北越コーポレーション、ヤマトフィナンシャル、ハンガーゼロ（日本国際飢餓対策機構）、クオーターバックなど、お忙しい中お話を聞かせてくださった方々に改めてお礼を申し上げます。

そして、アキモトとの出会いを作ってくださった編集者の関谷由子さん、ウェッジの山本泰代さんがいなければ、この本は生まれませんでした。
多くの方たちに支えられ、本書を送り出せることに感謝しています。

菅　聖子

２０１８年10月

小さなパン屋が社会を変える
――世界にはばたくパンの缶詰

2018年11月30日　第1刷発行

著　者　　菅 聖子

発行者　　江尻 良
発行所　　株式会社ウェッジ
〒101-0052　東京都千代田区神田小川町1-3-1
NBF小川町ビルディング3階
電話：03-5280-0528　ＦＡＸ：03-5217-2661
http://www.wedge.co.jp　振替00160-2-410636

ブックデザイン　高瀬はるか（早川デザイン）
ＤＴＰ組版　株式会社リリーフ・システムズ
印刷・製本所　図書印刷株式会社

ISBN　978-4-86310-210-1　C0095

定価はカバーに表示してあります。
乱丁本・落丁本は小社にてお取り替えします。